Apocalipsis magnética

Calixto López

Apocalipsis

Magnética

C. López Hernández

(2020)

Apocalipsis magnética

Prólogo

Desde que se realizaron las primeras mediciones de la intensidad del campo magnético de la Tierra, hace unos 180 años, se ha comprobado que este tiende a disminuir y lo hace de una forma considerable, en el orden de un 6% cada cien años, de manera que de no alterarse este ritmo en un plazo de unos 1 600 años el planeta quedaría desprovisto de este escudo protector que posibilita la vida del hombre y de las demás especies: animales y plantas.

¿Qué ocurrirá entonces?, porque hasta ahora las principales preocupaciones del ser humano estaban centradas en las potentes tormentas solares, los cambios climáticos, y otros aspectos para él de relevancia, pero en la actualidad ninguno de ellos puede semejarse en dimensión e importancia a este. Por que de no haber campo magnético, la atmósfera no podría soportar las constantes arremetidas del viento solar y de las radiaciones cósmicas de elevada energía que llegan de otras partes del Universo.

En las condiciones de ausencia de un campo magnético de suficiente intensidad para repeler el flujo de plasma solar ionizado y de los potentes haces de rayos cósmicos, estos no tardarían en destruir la atmósfera y convertir la Tierra en un desolado desierto semejante al de Marte, o al de la Luna. Estos cuerpos, otrora poseyeron campo magnético, pero por algún motivo lo perdieron hace cientos de millones de años, de ahí el estado desolado de su superficie.

Cuando se indaga sobre el campo magnético terrestre y los fenómenos asociados a él que posibilitan su existencia, las respuestas son vagas e imprecisas, porque en esencia, se conoce muy poco sobre su naturaleza, génesis y funcionamiento, y sobre todo, en estos momentos no hay forma de interactuar sobre él, y mucho menos influir sobre su magnitud, dirección e intensidad.

Todos coinciden en afirmar que el campo magnético terrestre procede del movimiento de una capa de metal líquida rica en hierro y algo menos de níquel, que rodea el núcleo central metálico sólido sobrecalentado del centro de la Tierra, que actúa como un potente imán bipolar cuyas líneas de fuerza protegen y desvían las radiaciones que llegan desde el espacio, para que no penetren y destruyan la atmósfera, pero poco más de ahí, al menos de manera conceptual; porque indagar en las profundidades de la Tierra es aún un problema vedado para el hombre por las múltiples dificultades que esto conlleva, y hasta ahora solo se ha podido perforar unos 12 km de profundidad por excavaciones hechas en Siberia, que no significan absolutamente nada en comparación con los 3600 km necesarios para llegar a su núcleo.

Y solo ante estos 12 km de profundidad el hombre se encuentra ante un panorama infernal, donde las temperaturas superan los cientos de grados celcios, lo que dificulta enormemente continuar profundizando y llegar a tomar muestras de las capas más internas y de su núcleo, para comprender su naturaleza y composición, como punto de partida para inferir su comportamiento de acuerdo a las leyes de la electricidad y el magnetismo. Está claro que por el momento esta no es la vía más adecuada, lo que ha llevado a que se empleen otros métodos centrados en las ondas sísmicas, la densitometría, gravedad, análisis de rocas superficiales y modelos matemáticos mediante software, o el estudio de muestras de meteoritos, entre otros, porque penetrar hasta las inmensas profundidades terrestres, por el momento resulta imposible.

Hasta ahora los estudios sobre el núcleo de la Tierra y su campo magnético asociado habían podido esperar, mientras la ciencia se ocupaba de otros asuntos prioritarios, pero los resultados de las medidas de la intensidad del campo magnético terrestre siempre decreciente en el tiempo, al menos en los años en que se han llevado a cabo estas mediciones, y el comprender la trascendental importancia del mismo como escudo protector del planeta ante las destructivas radiaciones que llegan desde el Sol y otros espacios del Universo, implica que se deje de mirar hacia otra parte y se centre la atención sobre este serio y viral problema. Porque hay un corolario que nadie niega, y es que sin campo magnético no puede existir la vida sobre la Tierra, al menos con los medios tecnológicos que disponemos.

Algunos puede que salven el dilema y asocien la disminución del campo magnético con la inversión de los polos, fenómeno que se ha dado en la Tierra con determinada periodicidad, aunque espaciada en el tiempo. De hecho el polo norte magnético se está corriendo hacia Siberia, también el sur se mueve aunque con menor velocidad, pero de ser esto así, mientras tanto, ¿hasta donde llegará el descenso de la intensidad del campo magnético terrestre?, y ¿a qué nivel de exposición de partículas cargadas se podrá llegar? Sencillas preguntas, aún sin respuesta y en cuya solución podría definirse el futuro cercano de la humanidad.

Ante esta situación, se consideró necesario realizar un modesto estudio sobre el campo magnético terrestre, cómo se ha visto afectado por diferentes eventos solares a través de la historia, la naturaleza del viento solar y los rayos cósmicos que son los principales elementos agresivos sobre los que ejerce protección el campo magnético, y de hecho, aunque no con una intención alarmista, valorar algunas situaciones hipotéticas, quizás apocalípticas que pueden acompañar el fenómeno que se analiza, aunque confiamos que no deriven en un hecho de tal envergadura.

Mucha de la información que se maneja en la monografía puede ser nueva y cambiante, por lo que algunas hipótesis que ahora se exponen quizás sean desechadas en muy corto tiempo, mientras surjan otras más razonables y cercanas a la realidad, y sobre todo con la esperanza de que las que pudiesen tener un contenido apocalíptico sean rebatidas por otras más optimistas. En ello se confía, y también como elemento muy razonable, el hecho de que el campo magnético que acompaña a la Tierra, al menos se ha mantenido durante unos 1 000 millones de años, por lo que sería estadísticamente dudoso que de la noche a la mañana desapareciera por completo acompañado de una nueva y gran extinción. Este elemento es el más irrebatible que se puede esgrimir a lo que parece nos podría conducir a un evento poco menos que apocalíptico.

ÍNDICE

- Prólogo --------------------------------------- pág 003
- Índice --pág 007
- Introducción. ----------------------------------pág 008
1.- Un nuevo evento a considerar----------------pág 015
2.- El enemigo está en casa----------------------pág 019
3.- Campo Magnético de la Tierra---------------pág 025
4.- Viento solar y rayos cósmicos ---------------pág 037
5.- Cinturones de Van Allen y enfriamiento del núcleo terrestre. --- pág 046
6.- Interacción Luna-Tierra ----------------------pág 050
7.- Destrucción de la vida por el viento solar --pág 054
8.- Fenómenos meteorológicos de alta Intensidad ------------------------------------ pág 059
9.- Apagones y afectaciones de la industria y las comunicaciones. -------------------------------- pág 067
10.-.Desorientación de especies animales por variaciones del campo magnético terrestre---- pág 073
11.- Lluvia de meteoritos ----- ------------------ pág 078
12-. Tormentas solares ------------------------- pág 085
- Conclusiones --------------------------------- pág 096
- Otras Obras del autor ------------------------- pág 100
- Bibliografía. --------------------------------- pág 109

Apocalipsis magnética

Introducción

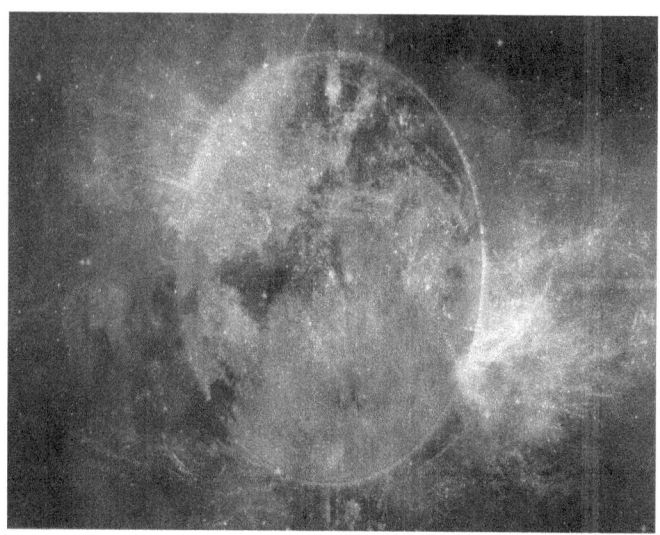

Puede que falten solo unos 1600 años para el Apocalipsis final, cuando bajen a la Tierra los cuatro jinetes del Apocalipsis a teñir el cielo de rojo, provocar guerras, plagas, enfermedades y hambruna, mientras una bola de fuego arrasa la Tierra y levanten nubes de polvo, un polvo irrespirable que se mezcla con la sangre de los cadáveres moribundos.

Las ballenas acuden en manadas a playas desconocidas para agonizar lentamente en las aguas poco profundas hasta emitir el último grito o llamado de angustia, sin que haya compañera de especie, o ser humano alguno capaz de auxiliarlas, mientras el sobrepeso de su considerable cuerpo presiona con fuerza sobre los pulmones impidiéndoles respirar.

Las bandadas de mariposas monarcas que migran desde el Canadá hasta el centro de México para pasar el invierno, equivocan su rumbo desorientadas por las afectaciones del campo magnético, y toman rumbo en dirección al océano o hacia el polo norte, para acabar ahogadas en las aguas, o congeladas de frío por no encontrar forma de corregir el camino.

Las aves migratorias que vuelan de Europa hasta África evitando el frío invierno, equivocan su dirección y toman diferentes rumbos, sin que ninguno las lleve a los cálidos bosques y pantanos meridionales. Sus sentidos otrora se orientaban como una brújula magnética, pero sin polos definidos hacia donde orientarse, pocas llegarán a su destino, menos regresarán, hasta que la última de ellas inicie de nuevo el ciclo migratorio para nunca más regresar.

Las palomas mensajeras vagarán sin rumbo buscando el hogar protector donde dejar sus mensajes, mientras son víctimas de las aves de presa, que las destrozan con sus fuertes garras y penetran sus delicadas carnes con sus picos hasta llegar a las vísceras. Pero tampoco habrá humanos que las espere, estos se hallarán enfrascados en no menos problemas en una única y final lucha por la subsistencia en un planeta asolado por rachas de calor, fuertes tempestades, tormentas, de rayos e incomunicados entre si y del resto del mundo, sin luz, agua, ni fuente de alimentos, y sobre sus cabezas el cielo rojizo de una eterna aurora boreal que anuncia con su color el posible fin de la especie.

Todo comenzará con la disminución acelerada de la rotación de la capa metálica líquida que rodea el caliente núcleo de hierro de la Tierra, con lo que el enorme y voluminoso campo magnético terrestre irá perdiendo en intensidad, hasta que sea incapaz de repeler las ráfagas de viento solar y de rayos cósmicos que comienzan a atravesarlo como si de una capa de papel se tratara.

Las partículas cargadas, como protones, electrones y núcleos de helio doblemente ionizado, así como radiaciones electromagnéticas de alta frecuencia, impactarán a enorme velocidad con las moléculas de los gases que conforman la atmósfera, y como portadoras de una alta energía cinética, la intercambiarán con las moléculas de hidrógeno, oxígeno, nitrógeno y agua, así como su carga y entonces estas nuevas especies cargadas chocaran con otras, quedando neutras, pero con la energía y velocidad suficiente para escapar al frío espacio, sin que ninguna fuerza electrostática o campo magnético las detenga. La Tierra perderá masa, pero más que esto, los principales elementos que dan soporte a la vida

El ciclo se repite constantemente y cada vez la atmósfera se hace más delgada, mientras sigue llegando la avalancha de radiación de partículas cargadas, y no hace falta que se incremente la actividad solar, con la normal es suficiente. Pronto las radiaciones alcanzan los satélites que sobrevuelan la Tierra y estos pierden su rumbo, mientras sus instrumentos electrónicos son incapaces de funcionar, o lo hacen de forma equivocada, y los tripulantes comienzan a sentir el peso de una radiación por encima de la que es incapaz de protegerlos las cubiertas de las naves y sus propios trajes. La situación para ellos se hace insoportable mientras tratan de controlar las operaciones de forma manual ante la imposibilidad que lo hagan los medios automáticos.

El tránsito aéreo, por otra parte, se hace imposible, los controladores no saben que hacer, ni hacia donde dirigir los aviones, los GPS están descontrolados, hay fallas continuas de corriente, por cuanto muchos tendidos eléctricos se han quemado, igual que los transformadores, los accidentes aéreos se hacen tan frecuentes que tomar un avión es casi como un suicidio, además de las condiciones descontroladas del tiempo, el viento aumenta en intensidad, y desde el desierto del Sahara parten grandes nubes de polvo en suspensión que se desplazan por el mundo entero.

Ante las fallas eléctricas se ve afectado también el suministro de agua y cada vez se hace más imposible vivir en edificios, escasean los alimentos, poco a poco los habitantes de las grandes ciudades se van desplazando desde las zonas urbanas hacia los campos, llevando consigo lo imprescindible para vivir en un nuevo entorno para el que no están preparados y donde no hay instalaciones suficientes para esta avalancha humana continua.

Pero otro peligro acecha al hombre, a los animales y a las plantas. Las partículas cargadas comienzan a llegar ininterrumpidamente a la superficie de la Tierra, cada vez más, si antes, en épocas normales se mantenían muy difusas, en el orden de unas 5 por cm^3, ahora estas cifras no tardan en multiplicarse. También comienza a atravesar la cada vez más delgada atmósfera las radiaciones de alta frecuencia como la ultravioleta, y hasta una fracción de potentes rayos gamma. La vestimenta no es suficiente para detenerlas y la piel se enrojece, se quema como en los días de playa expuestos al sol, solo queda una cosa, guarecerse en cuevas, o en refugios construidos apresuradamente bajo Tierra, pero estos cada vez deben ser más profundos para albergar a la enorme población mundial, y llega un momento en que no se puede profundizar más, porque el centro de la Tierra no ha perdido su calor, y en la medida en que se profundice, aunque sea unos pocos metros, la temperatura se eleva considerablemente haciendo imposible el habitat.

Indudablemente el hombre no se haya preparado para un evento de tal naturaleza. Hasta ahora se ha encontrado protegido de la radiación espacial por el campo magnético terrestre, pero pronto este se ve disminuido y llega a un valor crítico en su intensidad, por debajo del cual no hay protección posible para la vida en la forma en que la conocemos hoy, por lo que nos encontramos ante una gran extinción, como las que debieron sufrir las especies si en algún momento de la historia del planeta, si algo como esto sucedió, aunque fuese de manera transitoria.

Esta palabra puede ser la clave, quizás el descenso del campo magnético terrestre esté asociado con la inversión polar, fenómenos de esta índole se suceden más o menos cada cientos de miles de años y los cálculos derivados de los estudios geológicos indican que ya se ha sobrepasado este marco de tiempo, y en efecto, se está notando un desplazamiento acelerado de la posición de los polos, aunque a diferente velocidad, más el norte que el sur, por lo que pude que quede alguna esperanza.

Quizás al concluir la inversión polar se revierta de nuevo el proceso, la capa líquida del núcleo inicie y acelere su movimiento ahora con los polos invertidos: lo norte es sur y lo sur es norte, y comience a incrementarse la intensidad del campo magnético, y cada vez lleguen menos partículas cargadas y radiaciones de alta frecuencia a la Tierra, hasta que todo se normalice y el planeta sea de nuevo habitable.

Si quedan algunos humanos vivos, así como especies de plantas y animales, todo volverá a renacer con la ventaja de la lección aprendida, y la necesidad de prepararse de nuevo para un evento apocalíptico de igual naturaleza en un futuro lejano. Las enormes reservas de agua del planeta serían suficientes para que resurgiera la vida de forma esplendorosa, las pequeñas criaturas del orden de las bacterias y hongos es probable que hayan soportado las adversas condiciones de vida de mejor forma, de hecho, algunos hongos son capaces de soportar altas radiaciones y emplear esta energía para transformarla en la forma química que necesitan para la vida.

El campo magnético terrestre es algo que ha protegido al planeta contra las inclemencias del espacio exterior y a él estamos tan acostumbrados que lo consideramos como un bien propio, estático y eterno, pero ahora nos percatamos que esto no es así, que está variando en intensidad y no para bien. ¿Qué hacer mientras tanto? Observar que este tome cualquier deriva, o comenzar a prepararnos para un fenómeno, que aunque no estamos aún seguros, y confiamos que no llegue, escapa por el momento de la comprensión del hombre y de las infraestructuras científicas y tecnológicas con que contamos. No queremos ser alarmistas, pero no podemos vivir a expensas de los malabares del destino, porque este nos puede jugar una mala pasada.

Apocalipsis magnética

1. **Un nuevo evento a considerar.**

No quisiéramos incluirnos en el mundo de los apocalípticos, pero cuando no existen respuestas a un posible y relativamente cercano evento catastrófico no queda más remedio, que a falta de otras evidencias, sumarse a lo que parece más probable, y es que sin **campo magnético terrestre** no puede existir vida en el planeta, y este, día a día; hora a hora y minuto a minuto, decrece en intensidad, y en unas partes más que en otras.

Por consiguiente, no nos referiremos a la

destrucción de la Tierra por un choque con un meteorito de gran tamaño, estos se han producido, el planeta se ha recuperado, y la vida sigue su curso, aunque con un sinnúmero de especies extinguidas y otras nuevas que emergen dominantes, pero además, el hombre, de una forma u otra intenta prepararse para este evento destructor, aunque aún no esté en condiciones de hacerlo.

Tampoco pensamos que un día la Tierra se abrase por un recalentamiento solar una vez este vaya agotando su combustible, el hidrogeno, mediante su conversión por fusión nuclear en helio y esto pueda conllevar a la extinción de la vida sobre el planeta. Este evento necesariamente ocurrirá algún día, pero para eso harían falta miles de millones de años, casi los mismos de existencia del planeta desde su formación.

No consideramos siquiera con seriedad, que la Tierra sea dominada por robots superinteligentes capaces de evolucionar su cerebro electrónico tal como el de los humanos, por cuanto hasta ahora quien lleva el papel dirigente es el hombre y sería demasiado irresponsable si pusiera en manos de las máquinas el destino de la humanidad.

No hemos meditado siquiera en la posibilidad de que un cuerpo celeste masivo, tal vez un cometa o un enorme asteroide, satélite o astro errante, se acercara a la Tierra y desviara su órbita para hacerla precipitar hacia el Sol, o cambiar su sentido de giro e inclinación para que el planeta se convierta en inhabitable. Se han manifestado suficientes eventos de similar naturaleza en todo el Sistema Solar y esto no ha ocurrido. Por otra parte, los choques y aproximaciones de cuerpos celestes forman parte del caos del Universo y contra esto nada se puede hacer.

No hemos puesto tampoco los ojos en la Luna que se aleja de la Tierra como promedio 3,8 cm por año, por cuanto se necesitarían cientos de millones de años para que esta se liberara de la fuerza de atracción gravitatoria de la Tierra para ir a parar no se sabe donde.

Tampoco creemos que el hombre continúe, como hasta ahora, afectando el medio ambiente y el clima de la Tierra, incrementando el calentamiento global y la posibilidad de un efecto invernadero permanente y total. El "homo sapiens" sería demasiado irresponsable e indolente para seguir pecando de tal ingenuidad, y por otra parte, diariamente se alzan más voces condenando esta acción y presionando a los mandatarios de los gobiernos, aunque aún se resistan los más poderosos y que más contribuyen a este efecto. Pero es conocido que en un último instante, la actitud irracional del hombre puede cambiar y tomar el camino de la sensatez.

Incluso, el violento efecto de los terremotos, las erupciones volcánicas masivas y toda la violencia que emana de estos acontecimientos no nos hace pensar en un evento destructivo global, por otra parte, hechos semejantes han ocurrido en épocas remotas, y ahí esta la Tierra, recuperada, y las especies manteniendo el camino de la evolución.

En muchos más eventos catastróficos pudiésemos detenernos: una guerra nuclear global, virus mortales descontrolados, agotamiento de los recursos naturales y de las fuentes de energía, entre otros, sin que aún la

Apocalipsis de las sagradas escrituras se vuelque sobre la Tierra según los vaticinios de algunos profetas. No nos imaginamos, que desciendan sobre la Tierra los cuatro jinetes del Apocalipsis vomitando fuego, distribuyendo plagas y enfermedades, y causando la muerte entre los humanos.

No, no, nada de lo que se ha referido hasta ahora presenta argumentos concretos para vaticinar en que momento la Tierra pueda sufrir un evento catastrófico como los que anteriormente se han mencionado, pero lo que está más latente, y parece menos espectacular, es lo que podría contribuir de forma más o menos directa, o indirecta, a la destrucción de la vida sobre la Tierra, esto es: la **disminución progresiva y cese final del campo magnético creado por el núcleo terrestre**, y protector de la atmósfera y la superficie del planeta.

2. El enemigo está en casa.

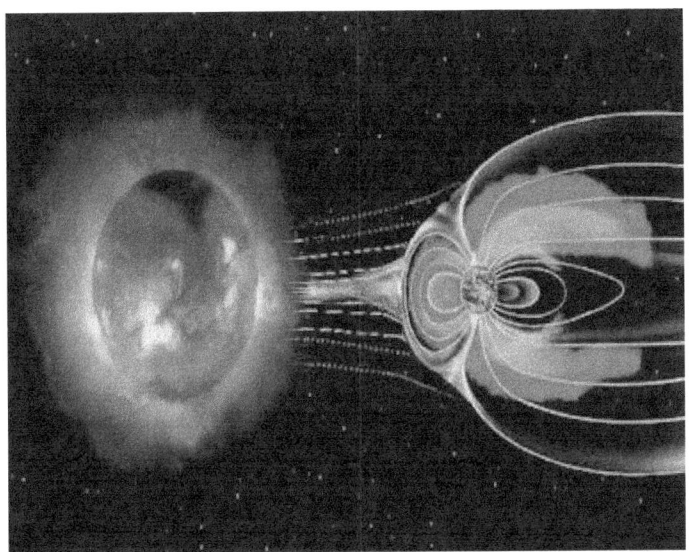

Cada vez existen más evidencias de que la intensidad del campo magnético terrestre disminuye, y lo hace con notable rapidez, más o menos un 6 % cada 100 años, de manera, que de seguir a este ritmo, en unos 16 siglos cesaría totalmente su actividad, y la Tierra sería arrasada por el violento, aunque ahora aparentemente imperceptible **viento solar**, y las partículas cargadas de alta energía que llegan de todas las partes del Universo, principalmente de "Centauros", conocidos como **rayos cósmicos**.

Ante este aparentemente sencillo evento, el hombre no se encuentra preparado, es más, ha tomado con extrema naturalidad un hecho que se le viene encima y para el cual no se cuenta con medios suficientes para enfrentarlo, ni siquiera existe una teoría completa sobre los fenómenos que ocurren en el interior de la Tierra en distancias cercanas a la superficie, y mucho menos a las más alejadas en el núcleo, o en sus zonas próximas, que todo hace indicar que son violentas, caóticas e impredecibles.

Se sabe muy poco sobre las profundidades de los océanos y todavía menos del interior de la Tierra, ¿cómo funciona su núcleo, cuál es su naturaleza, y de qué realmente está formado, además del hierro, el níquel y otros metales pesados? Y si no se conoce siquiera su composición y su mecanismo de acción, ¿cómo se puede prevenir algo que se aproxima tan rápido en el tiempo?, porque 1 600 años no es nada en el devenir de la historia del planeta.

Ya hay zonas geográficas cercanas al Ecuador geográfico cuya protección por el campo magnético de la Tierra se ve bastante disminuida, sobre todo las regiones del Atlántico Sur, y también las próximas al hemisferio austral, y como se expresaba, la ineludible función del campo magnético terrestre de desviar las radiaciones ionizantes que acompañan al viento solar y las que vienen desde el exterior en forma de rayos cósmicos, es algo solo inherente a él y a nadie más.

La simple exposición de la piel al sol en una playa hace que esta enrojezca, y hasta se mude drásticamente cuando de forma inconsciente algunas personas la sobrexponen a esto, y el efecto es inmediato, sobreviene el enrojecimiento de esta para los mejor protegidos, hasta tomar el color para ellos apropiado, en un intercambio absurdo de estética aparente por salud. Las células de la piel no están preparadas para ser sobreexpuestas a la radiación, y de la que hablamos es solo una porción de la que llega a la atmósfera terrestre y generalmente la más benigna, la de menos energía, ¿qué será con las que poseen más, como la ultravioleta?, no queremos ni pensarlo.

Es conocido de la física que toda carga eléctrica en movimiento genera un campo magnético, y a su vez, que los campos magnéticos pueden originar electricidad, y esto es al parecer lo que ocurre en el núcleo terrestre con el hierro y el níquel como los metales componentes más abundantes y la presencia de otros elementos más pesados. De forma un tanto elemental, se puede inferir que en la medida que la Tierra rota, lo hace la porción metálica líquida de su núcleo con mayor o menor independencia, y este evento, al parecer, puede generar un campo eléctrico el cual hace que se desarrolle el potente campo magnético cuyas líneas de fuerza protegen al planeta, y desvían las partículas ionizadas que llegan en torrente a la atmósfera. Estas pueden ser de mayor o menor energía, pero ante ellas está este campo: fuerte, intenso y poderoso, que las desvía hacia otras direcciones del espacio, para que las que puedan penetrar este escudo sean solo una fracción de las que llegan y puedan ser asimilables por el entorno.

¿Y acaso el campo magnético es un fenómeno exclusivo de la Tierra? La respuesta es no, otros cuerpos celestes lo tienen, y también otros lo han perdido.

Marte perdió prácticamente toda su atmósfera, incluyendo el dióxido de carbono, por la disminución hasta una pequeña magnitud de su campo magnético. Es posible que también la Luna haya pasado por este proceso y que su campo sea prácticamente nulo en estos momentos, y no dependa del núcleo, sino más bien de capas externas de su superficie magnetizada, ya que esta constantemente es barrida por el flujo de partículas cargadas que llegan del Sol y el espacio.

Según estudios realizados en el Instituto Tecnológico de Massachussets, en Estados Unidos y cotejados con otros de la División de Investigación de cuerpos astromateriales de la NASA, el campo magnético lunar fue significativo en sus inicios, pero desapareció hace alrededor de mil millones de años en la medida que el calor de su núcleo se evacuaba al exterior, tal como también ocurre en la Tierra, esto es, estos cuerpos emiten más calor al exterior que el que absorben del Sol o que obtienen de sus minerales radiactivos, cuestión que puede aplicarse a un modelo de Apocalipsis magnética terrestre, aunque consideran que la composición de este núcleo difería un tanto del de la de la Tierra, por estar acompañadas las aleaciones de hierro-níquel lunar por elementos menos pesados como azufre y carbono, lo que ocasionaba un dinamo más liviano y menos potente.

Mercurio también tiene un campo magnético debido a su núcleo, que ha cambiado de manera sorprendente durante el tiempo, y que actualmente difiere del de la Tierra en que sus polos se ubican en el hemisferio austral del planeta, no prácticamente enfrentados como los del planeta azul, entre los polos norte y sur, formando como un dipolo gigante. El campo magnético de Mercurio, mucho más débil que el de la Tierra, se ha preservado a través del tiempo Aunque el interior del planeta se enfría y pierde calor rápidamente, esta pérdida no ha sido suficiente para que no posea un núcleo de hierro rotando a suficiente temperatura y velocidad para que mantenga su campo magnético, algo que lo hace diferente a los demás planetas interiores, con excepción de la Tierra.

En cuanto a Venus, su campo magnético es muy débil, lo que se debe, en parte, a la lentitud de rotación del planeta alrededor de su eje, lo cual impide que su núcleo interno alcance la velocidad de rotación necesaria para formar un dinamo bipolar como el de la Tierra, lo cual incide en que el viento solar barra constantemente la superficie del planeta arrastrando consigo los gases más ligeros de su atmósfera.

De manera contraria, el campo eléctrico de Venus es entre 5 y 10 veces mayor que el de la Tierra lo cual lo hace capaz de crear un paisaje dantesco y desolador sobre el planeta, al expulsar, no solo el hidrógeno de su atmósfera, sino también el oxígeno y por consiguiente el agua que forma la combinación de estos elementos entre sí, por cuanto esta se ioniza ante este enorme campo eléctrico que incide sobre su atmósfera. Es necesario señalar, por otra parte, que por la extrema lentitud de su rotación, un día de Venus es mucho más duradero que todo un año del planeta (1 día de Venus equivale a 243 días terrestres, mientras que 1 año de este planeta equivale a 224 días en la Tierra).

En contraposición a los cuerpos rocosos internos del Sistema Solar, los grandes planetas gaseosos como Júpiter, Saturno, Urano y Neptuno poseen campos magnéticos, y el del primero es sumamente poderoso, y alcanza una magnitud considerable, lo cual ocasiona que este emita constantemente intensas ondas de radio, como un rugido que han podido captar las naves que han sobrevolado el planeta, como la sonda espacial Pioneer y las Voyager del proyecto Galileo.

Los estudios más recientes han concluido que el tamaño del núcleo de Júpiter debe producir un campo magnético unas 10 a 20 mil veces mayor que el de la Tierra, y que este se encuentra invertido en relación con el de nuestro planeta.

La naturaleza química del núcleo de Júpiter no es bien conocida, pero atendiendo a la enorme gravedad de este, bien pudiese estar constituido por hidrógeno comprimido a tal presión, que tomase características metálicas y pudiese sustituir al hierro como fuente para el campo magnético de este planeta. Esto también podría explicar el fuerte campo magnético de Saturno, pero no el de Neptuno y Urano, que son mucho menores.

Según las conclusiones de los estudios sobre el gigante Júpiter, algunas de sus lunas como Ganímedes también poseen un campo magnético manifiesto.

3. Campo Magnético de la Tierra.

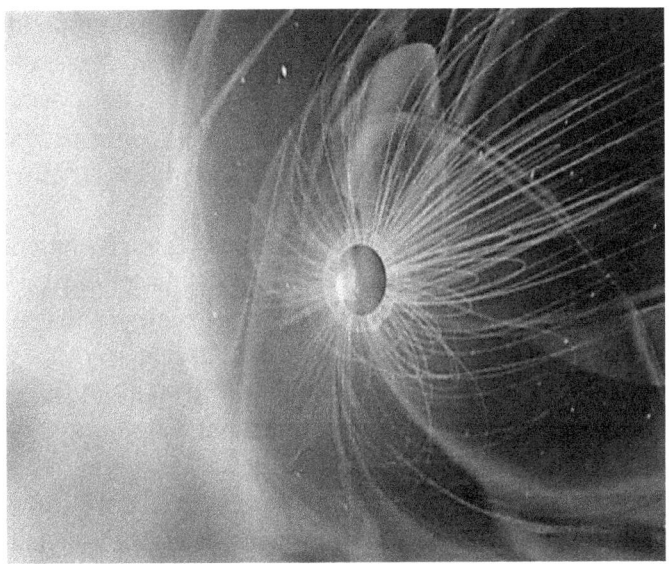

Antes de continuar, es necesario detenerse momentáneamente en las principales características del campo magnético terrestre, aunque esto pueda resultar algo aburrido y monótono, pero será un breve impas descriptivo imprescindible para comprender el resto del contenido del texto.

La intensidad media del campo magnético sobre la superficie de la Tierra varía de 25 a 65 µT (microteslas): 0,25 a 0,65 G (1 G = 100 000 nT). Esto no parece ser un valor muy alto de esta magnitud, pero atendiendo al gran tamaño de la Tierra hace que sea de una intensidad considerable, considerando que la masa del planeta es de 5,97 x

10^{24} kg y su tamaño de 1,08 x 10^{12} km³, con una superficie de 510 072 000 km² y con un radio de circunferencia de 6 371 km.

Comparado con un dipolo magnético gigante, el polo norte magnético terrestre se desplaza, aunque de forma lenta, por lo que no se mantiene en una aposición fija. Se pronostica que con el tiempo pueda producirse una inversión polar, la cual ocasione que el polo norte pase a ocupar la posición del polo sur y viceversa, como al parecer ha ocurrido en otras épocas, según huellas dejadas por este fenómeno sobre la superficie de las rocas. Se estima que, más o menos, esta inversión ocurre como media en un intervalo entre 300 000 y 500 000 años, pero se calcula que la última ocurrió hace 740 000 años, por lo que está próxima a que se suceda una de ellas.

La intensidad del campo magnético terrestre es capaz de magnetizar los minerales que componen la superficie terrestre, principalmente los más factibles de sufrir estos cambios, de ahí la existencia de muchos minerales de hierro magnetizados, dada la alta carga positiva de sus iones.

Las líneas de fuerza del campo magnético terrestre se desplazan hasta decenas de miles de km en el espacio, evitando que el viento solar y los rayos cósmicos actúen sobre las capas más altas de la atmósfera, destruyéndola, principalmente la capa de ozono que impide la entrada de las peligrosas radiaciones ultravioletas de alta energía, por la conversión de este en oxígeno diatómico según:

$$2 O_{(3)} \rightarrow 3 O_{(2)}$$

En principio, se puede decir que el viento solar está integrado por un flujo plasmático difuso de partículas cargadas eléctricamente de diferente naturaleza, originadas en el Sol durante los procesos relacionados con la formación de helio por fusión nuclear del hidrógeno y las altas temperaturas que acompañan este violento proceso. Constantemente se forman tormentas solares en la superficie de nuestra estrella enviándose al espacio este flujo de partículas, que de no anteponerse el campo magnético terrestre que las desvía, interactuarían violentamente con los elementos que componen la atmósfera.

Como la Tierra no es exactamente una esfera, más bien es achatada en la región de los polos, la intensidad del campo magnético en las zonas más cercanas a su núcleo: los polos, es mayor que en el Ecuador, que está más alejado de este. De esta forma, los mayores valores de intensidad del campo magnético se encuentran en Canadá y Siberia, y los menores en América del Sur, en virtud de su alejamiento del núcleo y la inclinación de la Tierra sobre su eje de rotación.

Los polos magnéticos de la Tierra: norte y sur, no se encuentran exactamente alineados de manera frontal, y tampoco se desplazan a la misma velocidad, de manera que en los últimos tiempos el polo norte lo ha estado haciendo más rápido, e incluso ha alcanzado cambios de hasta 40 km por año. Desde el inicio de las medidas del campo magnético hace unos 180 años, este, en el norte, se ha desplazado más de 600 km en dirección a Siberia.

Pese a su intensidad, el campo magnético terrestre no es capaz de desviar todo el flujo de partículas cargadas del viento solar y los rayos cósmicos, por lo que una porción de estas llegan a las zonas boreales más altas de la atmósfera cuando este flujo es intenso, y entonces se producen los extraordinarios fenómenos conocidos como *auroras boreales*.

Como que la magnitud del viento solar no es constante, si este es demasiado intenso, puede desprender capas gaseosas de la atmósfera terrestre superior, por lo que la Tierra no está totalmente protegida de la furia del viento solar. La alineación de la Tierra con el Sol y sus períodos de máxima actividad están relacionados con estos fenómenos, que causan diversas afectaciones sobre los sistemas de comunicación, principalmente en los satélites, y pueden influir sobre otros fenómenos meteorológicos. Los períodos de máxima actividad del Sol se producen con una frecuencia de 11 años, momento en que abundan más las manchas solares, que se supone sean zonas de alta turbulencia magnética.

Todo hace indicar que el campo magnético de la Tierra surge por el movimiento de la capa externa líquida de hierro y níquel que rodea a la más interna del núcleo sólida sometida a una elevada presión y formada principalmente por hierro y en mucha menor cantidad por otros metales pesados, pero fuertemente calentada. Esta interrelación entre las dos capas, la líquida contigua pero más externa a la sólida sobrecalentada bajo inmensas presiones, es la que se considera crea el campo magnético bipolar del planeta al este rotar.

Por otra parte, se considera que en el metal líquido al rotar la Tierra sobre su eje, se crean inmensas turbulencias helicoidales semejantes a los alambres que rodean un núcleo de hierro, que como se conoce crea un campo magnético al rotar. Por consiguiente, a mayor velocidad de rotación de la capa de metal líquido, mayor deben ser las turbulencias helicoidales y la intensidad del campo magnético formado, que también dependerá de la temperatura y de su composición, por lo que la variación de cualquiera de estos parámetros altera la intensidad del campo, que puede sea hipotéticamente lo que ahora está ocurriendo, por lo que cualquier modificación en el movimiento de rotación terrestre necesariamente creará variaciones en el campo magnético.

Las líneas de fuerza del campo magnético terrestre originado en el núcleo salen por el polo sur magnético y entran de nuevo por el polo norte. Los diagramas de las líneas de fuerza magnética indican que las zonas centrales de los polos se ven desprovistas de protección, lo que se comprueba por la aparición de las auroras boreales (norte) y australes (sur), debidas a la existencia de moléculas de gases integrantes de la atmósfera que han adquirido carga eléctrica por el choque con partículas cargadas que entran procedentes del viento solar y los rayos cósmicos.

Las auroras boreales y australes aparecen siempre en las zonas polares o cercanas a estas y normalmente adquieren un color verde, que puede ser más o menos intenso. Cuando estas aureolas aparecen en zonas cercanas al Ecuador terrestre o sobre este, generalmente son de una tonalidad rojiza, también más o menos intensa, y responden a la aparición de moléculas gaseosas ionizadas por la radiación entrante a la Tierra que se origina en momentos de alta intensidad solar, lo que engendra fuertes erupciones de plasma que escapan de este y pueden chocar contra la Tierra, por lo que la aparición de estas auroras no es una buena noticia por cuanto la atmósfera cargada de electricidad puede traer fatales consecuencias para los sistemas eléctricos, las comunicaciones y los satélites, incluso pueden ocasionarse apagones como ha ocurrido a lo largo de la historia en eventos como la tormenta solar de Nueva York en 1921 y de Fátima en 1938, entre otras, las cuales se estudiarán más adelante.

Por otra parte, el que la zona adyacente exterior del núcleo terrestre se encuentre líquida, se deriva de la temperatura propia de la capa interior sometida a elevadas presiones y temperaturas. Nada puede esperarse de tranquilidad en esta capa que se mueve sometida a turbulencias semejantes o mayores que las que ocurren en el océano bajo el fuerte viento de las tormentas. Se considera que entre ambas capas nucleares hay una diferencia de temperatura de alrededor de 1 500 ºC (2 732 ºF).

Las medidas iniciales del campo magnético terrestre se iniciaron hacia 1835 por el científico alemán Carl Friedrich Gauss y se han seguido realizando sistemáticamente hasta el presente, e indican que desde entonces, este decayó en intensidad alrededor de un 10 %, una cifra altamente significativa y de la cual se puede inferir, que como mínimo, un deterioro semejante haya sufrido la atmósfera terrestre en cuanto a su composición, y que la defensa magnética de la Tierra sea ahora mucho menor, al menos, en proporción semejante a la disminución de la intensidad del campo. Esto es, ahora, de cada diez partículas cargadas arrastradas por el viento solar, al menos una más llega a las capas más altas de la atmósfera y también que la Tierra pierda un 10 % más de masa atmosférica que en aquella época. Estas relaciones no tienen que ser exactamente iguales, pero pueden dar una idea de lo grave de este descenso, y sobre todo, que ahora el viento solar y los rayos cósmicos se llevan un bocado mayor de gases que en las primeras décadas del siglo XIX.

En lo que son las capas atmosféricas más cercanas a la Tierra, una de las más afectadas es al oeste del Atlántico Sur, según se ha podido interpretar de las mediciones realizadas por los satélites Magsat y Ørsted en tiempos más recientes, haciendo un estudio tridimensional del campo magnético.

Por otra parte, aunque se considera que el núcleo de la Tierra, tal como es hoy, se formó hace unos 565 millones de años - aunque algunos consideran un intervalo mayor, hasta los 2500 millones de años - estudios más recientes indican que el campo magnético terrestre es aún más antiguo, y que al menos existió un campo primigenio desde los primeros momentos del surgimiento del planeta como tal, hace poco más de 4000 millones de años, pero originado por otro mecanismo aún no bien dilucidado.

El campo magnético terrestre inicial, independientemente de su naturaleza y composición, evitó que el agua de la Tierra se evacuara del planeta durante la época en que este estuvo sobrecalentado a una temperatura de unos 6 000 ºC (10 832 ºF), el núcleo como tal no existiese aún, y explica, además, la elevada cantidad de esta sustancia que existe en el planeta y no en Marte y otros cuerpos cercanos, donde no apareció este campo o se mantuvo este efecto inicial, o probablemente se colapsó. Máxime, que es probable que el flujo de plasma del viento solar en aquellos tiempos fuese mucho más intenso, incluso se supone que decenas de veces mayor que el actual.

La existencia del campo magnético de la Tierra parece haber tenido su origen por la conjugación de un cúmulo de factores, entre los que se encuentran: la capa metálica de fluido en la región externa adyacente al núcleo central de elevada conductividad, y por supuesto, su rotación para hacer las veces de una inmensa carga eléctrica en movimiento capaz de generar un campo de tal intensidad.

En los últimos años se han estado llevando a cabo, principalmente en la Universidad de Maryland experimentos para modelar lo que ocurre en el centro de la Tierra empleando dos esferas de hierro concéntricas y entre ellas introduciendo sodio líquido calentado a unos 105 ºC (221 ºF) de manera que al ponerlas a rotar de forma independiente y a alta velocidad, la capa de metal fundido emule lo que ocurre con la capa líquida de hierro que rodea la interior sólida en el centro de la Tierra.

En el experimento, la esfera interior gira a una velocidad 3 veces mayor que la exterior. Como el tamaño de las esferas incide en el empleo de una alta cantidad de sodio líquido, unas 13 toneladas, que es un metal altamente reactivo, se ha tenido que extremar las medidas de seguridad, lo que encarece y hace complejo el proyecto, se espera que de este tipo de experimentos se obtengan resultados que permitan empezar a comprender lo que ocurre realmente en el núcleo de la Tierra, y como se forma el campo magnético terrestre.

En lo que respecta a la época actual, ya se notan los efectos de la disminución del campo magnético en zonas del Atlántico Sur al oeste de Sudáfrica, por lo que la llegada de luz ultravioleta y otros tipos de radiaciones ionizantes que vulneran el escudo protector de la Tierra son mayores, y están teniendo incidencia sobre los satélites de baja altura que circunvuelan la zona, efecto llamado "Anomalía sud atlántica", pero que puede irse prolongando a otras zonas del planeta en la medida que la intensidad del campo magnético siga decreciendo. Se considera que ya la zona en cuestión abarca un cuarto de la circunferencia terrestre y la intensidad del campo magnético es un tercio menor que en otras regiones del planeta, Por consiguiente, en lo que se refiere a América del Sur, los países más afectados podrían ser: Brasil, Paraguay, Uruguay y Argentina, lo que constituye un vasto territorio.

También, como es natural, esto puede afectar la concentración de ozono en las regiones superiores de la atmósfera terrestre y ocasionar un debilitamiento de su capa protectora ante las radiaciones electromagnéticas de alta energía, como las UV, así como que el viento solar arrastre hacia el espacio mayores bocanadas de gases ligeros, incluyendo el vapor de agua, y por supuesto hidrógeno, oxígeno y otros gases necesarios para la vida.

Este debilitamiento de la capa de ozono, según algunos, puede ocasionar lo que es como un hueco en la atmósfera que permite la entrada de radiación de alta energía y posibilite la formación de zonas líquidas en los mares helados aledaños a los casquetes polares.

¿Pero cuáles son las partículas que integran el

viento solar, cual es su naturaleza y cómo puede este afectar la atmósfera de la Tierra?

El viento solar, además de radiaciones electromagnéticas, contiene una elevada proporción de partículas cargadas todas los cuales son altamente agresivas sobre el organismo humano y de las plantas, por lo que es el que causa un mayor efecto destructivo. Este es lanzado al espacio por el Sol en sus frecuentes tormentas y erupciones, que aunque se dirigen en múltiples direcciones por la rotación de este, cuando el astro rey y la Tierra están alineados incide con mayor intensidad sobre el escudo magnético del planeta y un número indeterminado de estas partículas son capaces de penetrarlo.

El viento solar se origina en la corona del sol y como expresábamos, está formado por un flujo de partículas de alta energía que contienen entre otros: protones, electrones, hidrógeno ionizado y partículas alfa con energías que van desde 1,5 a 10 keV. Las tres cuartas partes de estas lo constituye el hidrógeno ionizado (protones) también es relativamente significativa, pero en mucha menor cuantía, la presencia de helio doblemente ionizado (partículas alfa). Una gran parte del flujo de partículas del viento solar que llega a la Tierra es desviado por el campo magnético hacia el *cinturón de Van Allen*, que forma dos vórtices alrededor del planeta, zona donde se almacenan, impidiendo su entrada a la atmósfera terrestre.

La velocidad del viento solar en zonas cercanas a la Tierra puede oscilar entre los 200-900 km/s. Es precisamente la alta temperatura y velocidad de estas partículas lo que posibilita que puedan escapar de la potente gravedad y atmósfera del Sol, llegando a barrer todo el Sistema Solar, aunque su intensidad va disminuyendo en la medida que se aleja de este, hasta una distancia de miles de millones de kilómetros.

Las partículas cargadas del viento solar al incidir sobre las moléculas neutras gaseosas que conforman la atmósfera terrestre le proporcionan carga y las hacen más rápidas, aunque estas aún son retenidas por el campo magnético terrestre, pero una vez que choquen con otras, podrán cederles su carga, hacerse neutras y también pueden mantener la velocidad suficiente para escapar del umbral gravitatorio del planeta, por lo que este va cediendo constantemente materia hacia el espacio. Cuantificar esta pérdida de masa se hace difícil, pero el fenómeno también se asocia con la intensidad de los campos magnéticos, que al ser menores no solo facilitan la entrada de radiación, sino que hacen más fácil que las moléculas de los gases a gran altitud puedan escapar al espacio, ocasionando, no un viento solar, sino un "viento terrestre" que envía un flujo de esta materia al espacio.

El hecho de que el viento solar esté compuesto por partículas cargadas de alta velocidad, ya de hecho lo hace tener sus propias propiedades magnéticas, por lo que puede considerarse como una extensión del campo magnético solar. Este viento se hace mayor durante las explosiones, manchas o tormentas solares, que expulsan flujos de plasma más intensos y con mayor velocidad hacia el espacio circundante.

Existen otras muchas más formas de que un planeta pierda masa de su atmósfera, algunos la han perdido casi toda, como Marte y sobre todo la Luna, pero otros, como la propia Tierra, también están expuestos a este fenómeno que se ha venido llevando a cabo durante siglos sobre nuestro mundo, prueba de lo cual es, con respecto a la pérdida de hidrógeno, la oxidación de diferentes metales, entre ellos el hierro que le dan esa tonalidad rojiza a muchos minerales. Por otra parte, un gas muy ligero como el helio también ve disminuido sus niveles de concentración, lo que hace que sea un elemento poco abundante en la Tierra. En cálculos aproximados, la Tierra pierde, solo en hidrógeno y helio, la cantidad de 3 kg de hidrógeno y 50 gramos de helio por segundo, respectivamente, cuestión asimilable perfectamente dado el gran tamaño del planeta, al menos por el momento.

Y si todos estos fenómenos pueden darse con el campo magnético aún ejerciendo su acción protectora sobre la Tierra, ¿qué será si este desaparece o disminuye hasta hacerse prácticamente nulo? ¿Podría tratarse de una Apocalipsis magnética? El tiempo dirá la última palabra, pero cualquiera comenzaría a preocuparse.

4. Viento solar y rayos cósmicos.

-Viento solar

Como se expresaba anteriormente, el viento solar se origina en la superficie del Sol y es emitido hacia todo el espacio circundante, su velocidad depende de un grupo de factores incluyendo su impulso inicial, pero como media, este puede llegar a la Tierra a unos 450 km/s. El flujo de plasma que integra el viento solar atraviesa todo el Sistema planetario hasta llegar a una zona posterior a Plutón llamada "heliopausa", que según los estudios de los satélites que han viajado hacia estos lejanas confines como el "Vojager 1", se encuentra a una distancia de alrededor de los 19 440 millones de kilómetros del Sol.

El estado de agregación de la materia en que se encuentra el viento solar es el definido como "plasmático", esto es, que sus partículas componentes se encuentran totalmente ionizadas, por lo que puede considerarse como un flujo difuso de partículas cargadas que emana del Sol. Estas partículas generalmente son de muy pequeño tamaño, y mayormente están relacionadas con el hidrógeno y el helio, pero también pueden venir acompañadas en una apequeña proporción de iones de carga mayor, generalmente positivos.

El viento solar una vez expulsado de la superficie del Sol sufre diferentes dispersiones de acuerdo a los cuerpos a los que se acerque, aunque la primera y la mayor de ellas está relacionada con su propio progenitor y ocurre aproximadamente a unos 160 millones de kilómetros de distancia del Sol debida a la rotación de este, y después el flujo forma como una burbuja expansiva que envuelve todo el Sistema Solar.

Como la distancia del Sol a la Tierra es de 149,6 millones de kilómetros, el fuerte fenómeno de dispersión solar ocurre después que este haya llegado a la Tierra. Aquí las partículas son desviadas por las llamadas fuerzas de Lorenzt, en toda una región protegida por el campo magnético terrestre conocida como *magnetosfera*.

Como se infiere, las fuerzas de Lorentz deben su nombre a su descubridor, el físico holandés H. Lorenzt, y se definen como las fuerzas que desvían a las partículas cargadas cuando estas interactúan con campos electromagnéticos.

La *magnetosfera*, región donde actúan las líneas de fuerza del campo magnético terrestre, toma la forma de una semicircunferencia de frente al Sol que hace las veces de escudo al viento solar, desviando las partículas que lo forman, y se crean como unas trenzas que siguen su trayectoria hasta una distancia de unos 300 000 km. Como la Luna se encuentra a 384 000 km de la Tierra el campo magnético terrestre no protege a este satélite, aunque si, en parte, sirve de barrera de la zona principal de choque del flujo solar cuando el planeta se antepone entre el satélite y el astro rey

La magnetosfera tiene un radio de unos 60 000 km comenzando desde los 500 km de distancia de la superficie de la Tierra. Sin la existencia de ésta, el agua y los gases que componen la atmósfera terrestre hubiesen desparecido al ser lanzadas al espacio desde tiempos inmemoriales.

Cuando las partículas del viento solar penetran la Tierra en momentos de flujo de este muy intenso, se forman las llamadas *tormentas geomagnéticas* y se intensifica la luminosidad de las auroras boreales. En meses recientes se pudieron captar aureolas en Finlandia de un color verde intenso. Estas causan interferencia en las trasmisiones de radio y televisión, por lo que pueden afectar las comunicaciones. Durante las tormentas aumenta el tamaño de la geosfera y por consiguiente se desprende más cantidad de gases de la atmósfera hacia el espacio exterior.

Es conocido que durante las tormentas solares se incrementa el flujo de partículas cargadas que llega a la atmósfera y se distorsiona aún más el campo magnético terrestre. Este efecto produce cambios en el medio ambiente y el entorno, donde se manifiestan en proporciones decenas de veces mayores que las normales durante la aparente calma solar.

Se considera que el viento solar incide sobre Marte que está mucho más alejado de la Tierra en mucha menor cuantía, pero pese a esto, ha dejado al llamado" planeta rojo" prácticamente desprovisto de atmósfera, de manera que la magnitud de esta es aproximadamente 1/100 la de la Tierra, aunque algunos consideran que este no es el único responsable de este suceso, pues también tiene algo que ver su gravedad que es mucho menor que la del planeta azul, y puede que otros fenómenos, incluyendo los rayos cósmicos de alta energía que azotan constantemente su superficie, pero esto aún son suposiciones.

A la par, el viento solar puede dejar sobre la superficie de los planetas que alcanza cantidades apreciables de los elementos químicos que lo componen, los cuales se depositan en esta superficie, como se sugiere del análisis de algunas muestras de suelo lunar.

La atmósfera terrestre se comprime por el viento solar, de manera que en momentos en que el flujo de este es débil, esta puede alcanzar un grosor varias veces mayor, incluso multiplicar su dimensión por valores entre 2 y 6, aproximadamente.

Los efectos de las tormentas solares sobre la Tierra pueden llegar a ser notables, así por ejemplo, en 1989 el incremento de intensidad del viento solar originado por estas causó un apagón de unas 9 horas en la ciudad canadiense de Québec, a la par que incidía sobre los satélites de comunicación que sobrevolaban la región los cuales vieron modificadas sus órbitas.

El Sol también pierde masa por la emisión del viento solar en un orden de 800 kg/s, esto es, 2 880 tM por minuto y 4 147 200 por año, lo que parece una cifra muy grande, pero insignificante para el tamaño y la masa promedio del sol: $1,989 \times 10^{27}$ kg. Esto significaría hipotéticamente, que para que pierda su masa total se necesitaría un tiempo de alrededor de $2,085 \times 10$ elevado a cerca de un par de decenas de años, una cifra de tiempo inimaginable, muy superior a la vida del universo después del supuesto "big bang".

- Rayos cósmicos.

Estos rayos, más que radiaciones electromagnéticas típicas como la visible, las de radio, las infrarrojas, ultravioleta y gamma, en su mayor por ciento están formadas por partículas subatómicas cargadas: protones, e iones de elementos químicos como helio, por ejemplo (partículas alfa). También neutrones. De manera, que su naturaleza no difiere mucho de la del viento solar, si bien no llegan a la Tierra con la misma intensidad de este, pero sí con mayor energía y velocidad. Se considera que provienen de estrellas masivas como las supenovas u otros cuerpos semejantes del espacio exterior, o provocadas durante la digestión de estrellas y masa estelar por los agujeros negros. El Sol también contribuye a ellos, aunque en menor escala.

La acción de este tipo de radiaciones sobre los gases de la atmósfera se conoce desde inicios del siglo

XX, cuando el desarrollo instrumental posibilitó la realización de medidas de la conductividad eléctrica de los gases a diferentes alturas de la atmósfera. Independientemente que la concentración de partículas en la superficie terrestre es mucho mayor que en las capas superiores, las ionizadas son mucho menores, lo cual induce a pensar que el mayor efecto de los rayos cósmicos incida principalmente sobre las capas más altas, donde penetran, luego que una alta porción sea desviada por el campo magnético terrestre de similar manera que sucede con el viento solar.

En un experimento de época, el físico austriaco Frank Hess ascendió en 1912 en globo hasta una altura de más de 5 km con varios electrómetros de precisión para realizar mediciones de la variación de la conductividad eléctrica de los iones gaseosos con la altura, con lo cual determinó que esta se multiplicaba a medida que se ascendía en ella. En sus mediciones encontró un aumento de 4 veces mayor conductividad a la altura a que ascendió, que en la superficie terrestre de donde partió el globo,

Las cargas que aparecen en los iones gaseosos de la atmósfera se deben al choque de las partículas cargadas de electricidad de los rayos cósmicos de gran energía, y con velocidades cercanas a la de la luz, con las moléculas neutras gaseosas, produciendo la ionización de estas. Comoquiera que estos choques ocurren en las capas superiores de la atmósfera, a la superficie llegan menos, por lo que la atmósfera está menos electrizada y por consiguiente su conductividad es menor.

Las partículas cargadas provenientes del espacio exterior alcanzan la Tierra a muy alta velocidad por lo que se crean también especies intermedias sub atómicas como **muones, fotones y electrones**, antes de ceder su carga a las moléculas. Los muones son partículas muy inestables, con carga semejante a los protones, pero con el doble de masa. Se ha llegado a inferir que en todo este proceso puede llegar a formarse, por atracción electrostática, un par electrón-muon de naturaleza similar al elemento hidrógeno, pero de mucha mayor masa y extraordinariamente inestable.

Para comprobar que la radiación responsable de la ionización de las moléculas gaseosas, y de ocasionar la propiedad de conducir la electricidad fuesen los rayos cósmicos, se midió esta también a gran altura, pero en medio de un eclipse solar en que la Luna, interpuesta entre el Sol y la Tierra, evitaba que los rayos solares impactaran sobre la atmósfera terrestre, manteniéndose los valores de las medidas sobre la ionización y la conductividad invariables.

No obstante a lo anterior, recientemente la sonda espacial *Parker,* destinada a estudiar el Sol desde distancias relativamente cercanas a este, observó la generación y expulsión desde la superficie de este de partículas cargadas como electrones, protones e iones de elementos ligeros a gran velocidad y energía, semejante en composición a la de los rayos cósmicos, aunque puede que su efecto sobre la Tierra no sea comparable a la de estos últimos

Sobre el origen de los rayos cósmicos, es de destacar, que en épocas recientes, experimentos realizados por un grupo de científicos argentinos determinó que su procedencia es de una galaxia en la constelación *Centaurus* cuyo agujero negro central activo hace que los cuerpos, al ser engullidos por este, roten a velocidades muy elevadas y por fricción produzcan y emitan radiaciones de energía tan alta como la de los rayos cósmicos, principalmente en forma de protones y neutrones, de los cuales los segundos, por lo general, son absorbidos por otros cuerpos en su camino hasta la Tierra, donde llegan principalmente los protones en una composición superior al 98 % de estos rayos.

Dado el efecto protector del escudo magnético terrestre y la densidad de la propia atmósfera, la acción de los rayos cósmicos sobre las personas es débil, se haya en una escala de 0,3 mSv (milisiever) por año, mucho menor que el de la radiación propia del planeta que es de 2,4 mSv/año, pero cuando se asciende en altura, esta aumenta y puede resultar peligrosa, sobre todo para los tripulantes de las estaciones espaciales que deben protegerse de este tipo de radiación. También los pilotos de las aerolíneas regulares están sometidos a un mayor índice de radiación, pero muy inferior al de los astronautas, si estos no emplearan sistemas de protección.

Como se expresaba, la mayor proporción de los rayos cósmicos que arriban a la Tierra son desaviados por el campo magnético terrestre, pero es de inferir que en la medida que este disminuye en intensidad, lo hace también su efecto protector, y teniendo en cuenta la elevada energía con que llegan estas partículas a nuestro planeta, hace suponer que pueda ocasionar un fuerte poder destructor cuando nada se interponga en su camino hacia la atmósfera.

Sin campo magnético terrestre, o este muy

disminuido, los rayos cósmicos se pueden convertir en un evento altamente devastador. Es de señalar, que la energía que acompaña a las partículas que los integran es muy superior en muchas veces a la que poseen las obtenidas con los más potentes aceleradores de partículas construidos por el hombre.

5. Cinturones de Van Allen y enfriamiento del núcleo terrestre.

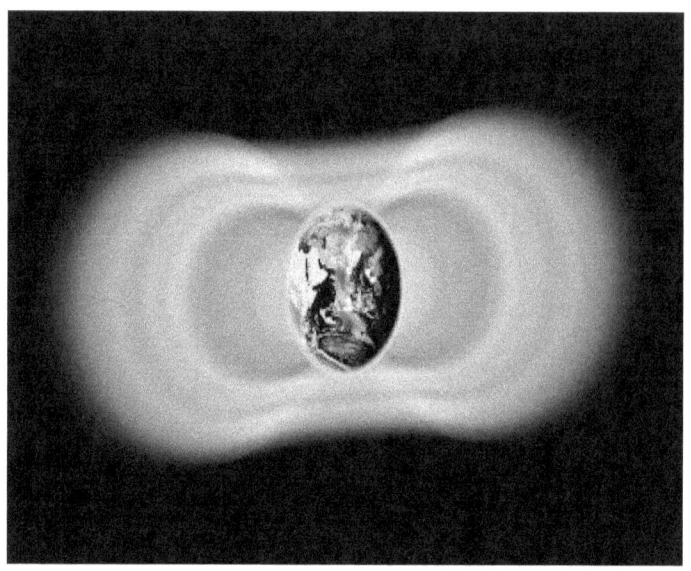

- Cinturones de Van Allen

Como se había expresado, el campo magnético de la Tierra desvía las partículas que integran los rayos cósmica, y principalmente las del viento solar hacia una zona que forma como lóbulos espaciales hacia el exterior del planeta, conocidos como *cinturones de Van Allen,* donde permanecen confinadas bajo presión, aunque ante determinadas circunstancias estas puedan escapar y dirigirse de nuevo hacia la Tierra, o volver al espacio exterior, según los eventos que se produzcan, como por ejemplo, momentos de alta actividad solar y en especial, ante las tormentas solares.

Entre 2012 y 2019, año en que agotaron su combustible, las sondas espaciales *Van Allen* estudiaron las características de los cinturones de similar nombre bajo drásticas condiciones de radiación, dada por la alta concentración de partículas cargadas en la zona, y los consiguientes fenómenos eléctricos y magnéticos asociados con ellas. Durante estos estudios se pudo profundizar en las características y la forma en que funcionan estos cinturones, que sirven como almacenamiento de las radiaciones desviadas por el campo magnético terrestre. La alta incidencia de radiación en la región en que se hallan los cinturones era extremadamente fuerte para cualquier nave, y para el funcionamiento de los equipos de medición en este violento entorno.

Uno de los resultados relevantes de la misión *Van Allen* fue el descubrir que en determinadas épocas de fuerte actividad solar, además de los dos cinturones existentes, se puede formar un tercero para acumular el exceso de carga desviada. También, que se pueden formar partículas cargadas de elevada energía por el efecto del plasma proveniente del Sol en eventos variables en cuanto a duración.

Durante la ocurrencia de fuertes tormentas solares, las partículas confinadas en este cinturón pueden ser enviadas a gran velocidad hacia la Tierra arrastrando un campo magnético propio capaz de distorsionar el campo magnético terrestre, con las consiguientes afectaciones emanadas de esto.

De forma semejante al flujo plasmático del viento solar, se pueden crear ondas menores de igual naturaleza en los propios cinturones, que bajo la influencia de las tormentas solares pueden elevar notablemente la energía de las partículas de estas ondas, propiciando su escape al exterior en dirección a la Tierra, o hacia el espacio.

Es de inferir de lo anterior, que las alteraciones en la intensidad del campo magnético terrestre pueden ocasionar cambios en la estructura y funcionamiento de los cinturones de *Van Allen* donde se encuentra confinada una elevada masa de partículas cargadas desviadas desde la Tierra y que nada bueno ocurriría si se escapan en masa hacia el espacio, y por supuesto, también hacia nuestro planeta.

- Enfriamiento del núcleo terrestre.

El núcleo de la Tierra desde su formación ha mantenido un proceso de enfriamiento lento y constante por la pérdida de calor por conducción con las capas contiguas superiores, y después por radiación desde la superficie, por cuanto la Tierra emite más calor que el absorbido del Sol, que atenúa un tanto este efecto de pérdida. Es probable también, que metales muy pesados y radiactivos como el uranio, torio e isótopos de otros elementos que emiten radiación, sufran procesos de fisión nuclear radiactiva emitiendo calor, que en parte también atenuaría un tanto este efecto, pero de hecho, el núcleo terrestre se enfría y esto puede afectar al geodinamo que se forma entre sus capas más profundas generadoras del campo magnético terrestre.

El proceso de enfriamiento general del planeta ocurre desde dentro hacia afuera, de manera, que mínimas porciones de hierro fundido, en comparación con el tamaño del núcleo y del planeta, cristalizan y pierdan sus propiedades líquidas. Decimos mínimas, porque el tamaño del núcleo terrestre es muy grande, de alrededor de unos 3 500 km, por lo que este proceso se puede dilatar considerablemente en el tiempo. Claro, las medidas de este enfriamiento no se pueden llevar a cabo con exactitud, por cuanto no es factible acceder físicamente a él. Se considera que el grosor de hierro cristalizado en el núcleo crece alrededor de 1 mm por año, lo que comparado con el enorme tamaño de la Tierra hace que esta cifra resulte despreciable.

Se considera que la temperatura aproximada del núcleo terrestre en estos momentos es de unos 5 500 ºC (9 932 ºF) y está constituido en más del 90 % por hierro, aleado con un 5-10 % de níquel. La capa nuclear subsiguiente fundida tiene una temperatura menor, pero suficiente a las presiones a que está sometida para que los metales que la componen se encuentren en estado líquido.

Sin embargo, es posible que este pequeño engrosamiento sea suficiente para alterar la velocidad de rotación del núcleo afectando el campo magnético que este genera, y por consiguiente pueda tender a disminuir su intensidad, a la vez que el proceso de enfriamiento pueda acelerarse y aumentar los niveles de hierro cristalizado, aunque los cálculos estiman que para completarse este proceso han de pasar más de 7 mil millones de años, esto es, hasta mucho después que el Sol tienda a sobrecalentarse y enfriarse posteriormente, para barrer la atmósfera, evaporar los mares y acabar con la vida sobre la Tierra.

6. Interacción Luna-Tierra.

- Efecto marea de la Luna sobre el campo magnético terrestre

Recientemente han salido a la luz estudios que relacionan a la gravedad lunar como una de las causas que ha posibilitado la existencia del campo magnético de la Tierra durante tanto tiempo. De esta forma, de la misma manera que la Luna actúa sobre los mares y océanos con la formación de mareas, esta misma atracción puede existir con las aleaciones de hierro fundido que rodean al núcleo central de la Tierra cuya rotación es la que posibilita el efecto dinamo del campo magnético terrestre. Por consiguiente, el efecto marea de la Luna podría beneficiar la formación de turbulencias helicoidales en el metal líquido calentado favoreciendo la formación de corrientes magnéticas que emanan del núcleo.

También se puede inferir de esto, que la existencia de la vida en la Tierra, y no en otros planetas rocosos internos del Sistema Solar, se debe a que esta posee un satélite que posibilite, además de una adecuada inclinación de la Tierra en el movimiento sobre su eje, el efecto marea necesario para interactuar con el material fundido del núcleo terrestre. Se considera entonces, que el resto de los planetas que no poseen vida observable es en parte debido a no contar con este tipo de satélites capaz de crear con su fuerza gravitacional un efecto marea que hubiese permitido mantener un líquido metálico en su núcleo, de manera que al rotar, creara un campo magnético apreciable para protegerlo del viento solar e impedir el escape de moléculas como las de agua de su atmósfera al exterior, dado que perdieron calor, se enfriaron y solidificaron.

De esta manera, la existencia de la Luna se convertiría en un elemento estimulante del campo magnético terrestre y posibilitaría la mayor fluidez de la capa metálica líquida central y que esta se moviera a velocidad apreciable, lo que se traduce en un aumento de intensidad del campo magnético.

Según estas informaciones, la temperatura a la cual se encuentra la envoltura metálica líquida en el centro de la Tierra, no es suficiente para posibilitar esta fluidez, por lo que el campo magnético sería mucho menos intenso.

Como la rotación de la Tierra alrededor de su eje no es completamente uniforme dada las irregularidades propias de la forma del planeta, además de otras variaciones propias de las orbitas lunares y del propio eje de inclinación de la Tierra, este efecto marea no es completamente uniforme, lo cual sería un elemento importante para explicar las fluctuaciones en intensidad del campo magnético de la Tierra a lo largo de su historia, y sobre todo, que aún mantenga notable efectividad, aunque nada de esto está comprobado, ni totalmente fundamentado.

- Efecto del campo magnético de la Tierra sobre la Luna.

Al chocar el viento solar sobre la Tierra, el campo magnético desplaza una gran porción de partículas cargadas acompañadas de campo magnético terrestre formando una especie de cola gigante, que en volumen invade el espacio por donde orbita la Luna, que se ve en algunos momentos inmersa en este campo residual de la Tierra, luego, a su superficie expuesta puede llegar una avalancha de partículas cargadas, principalmente las de menor tamaño como los electrones, que dejan su superficie cargada, exponiendo su polvo a movimientos de carácter electrostático que pueden crear un viento de partículas semejante a tormentas, aunque de menor magnitud que las marcianas, o las de la Tierra, al carecer de atmósfera.

Según estas hipótesis, esta interacción del campo magnético residual de la Tierra con la Luna se produce tres días antes de la luna llena y se prolonga hasta tres días después, lo cual hace que tenga una duración total de unos 6 días y se repita cíclicamente al mes siguiente. Como este campo residual depende en gran medida de la intensidad del viento solar y de los rayos cósmicos que chocan contra el escudo magnético terrestre, en momentos de fuerte actividad solar como durante las tormentas, se hará mayor, lo que incidirá en este efecto, aunque esto no está totalmente comprobado.

7. Destrucción de la vida por el viento solar.

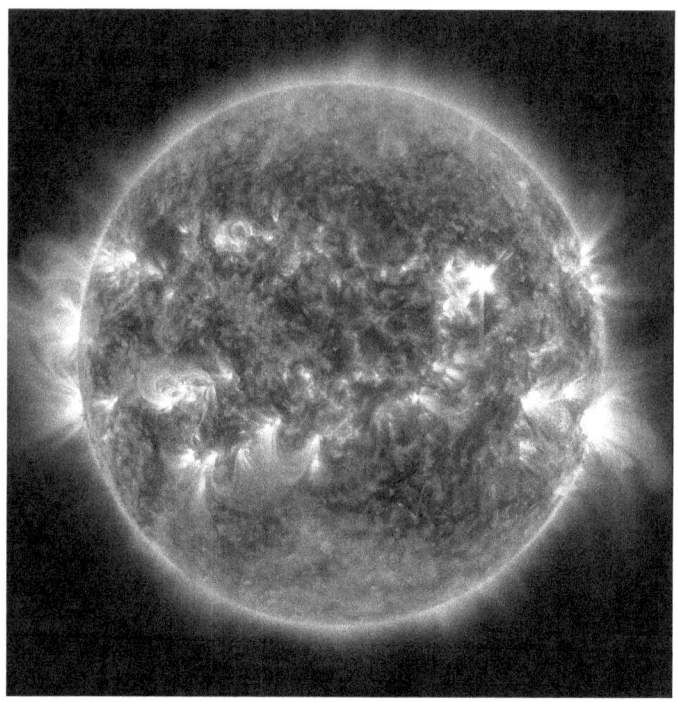

Indudablemente, el flujo de plasma contenido en el viento solar constituiría el principal elemento de destrucción sobre la vida en el planeta, una vez no existiese campo magnético terrestre, o este fuese sumamente débil para desviar las partículas cargadas que llegan y chocan contra la atmósfera de la Tierra, y que en estas condiciones pudiesen penetrarla. El efecto sobre la vida de este flujo ionizado se pudiese un poco comparar con la radiactividad, pues se trata de partículas muy veloces, capaces de ionizar, o causar quemaduras en cualquier ser viviente, penetrar los tejidos y alterar el metabolismo de las células, también las de las plantas, que no se salvarían de esto y sufrirían múltiples degeneraciones hasta acabar destruidas o quemadas por estas radicaciones.

Exponerse a las partículas cargadas del viento solar es como estar sometido a las radiaciones ionizantes emanadas de fuentes radiactivas semejantes a las que causaron infinidad de muertes en Hiroshima y Nagasaki al concluir la Segunda Guerra Mundial, pero con la variante que estas, a pesar de ser intensas en un inicio, después, al cesar su fuente de emisión, comenzaron a atenuarse sus efectos y hacerse mínimos con el tiempo. Pero las del viento solar continuarían barriendo la superficie de la Tierra sin cesar, como hacen en Marte y la Luna actualmente, dado que su fuente de alimentación, el Sol, es prácticamente inagotable.

Es precisamente el "planeta rojo" sobre el que en estos momentos se podría centrar la atención, y los resultados que se obtengan en su posible colonización - de llevarse esta a cabo - son los que se podrían aplicar como defensa una vez haya cesado, o disminuido notablemente el campo magnético de la Tierra. La forma en que esos posibles colonos puedan sobrevivir a las condiciones ambientales marcianas, será, sin lugar a dudas, de vital importancia para enfrentar una posible Apocalipsis magnética terrestre, y esto se puede enfocar por diferentes vías que se manejan en la actualidad por algunos investigadores, aunque algunas parecen hipotéticamente imposibles dado el actual desarrollo científico y tecnológico alcanzado por el hombre.

Uno de los primeros problemas a abordar es la disminución de la presión gaseosa en una atmósfera debilitada por la pérdida de grandes masas de gases ligeros que escaparían hacia el espacio como consecuencia de la energía y velocidad adquirida por la acción de las radiaciones de partículas cargadas al chocar con las moléculas de estos. En este caso, habrá que pensar en enormes dispositivos de encapsulamiento para soportar la pérdida de presión, tal como ocurre en la cabina de las estaciones espaciales.

Necesariamente los seres humanos tendrían que buscar o construir lugares para guarecerse de las radiaciones del viento solar, bien sea en cuevas o en refugios construidos en el subsuelo, los que se deben complementar con escudos protectores locales de mayor o menor tamaño, que puedan repeler o absorber las radiaciones para utilizar esta energía con diferentes fines, a la vez que eviten que los gases necesarios para la vida del hombre se escapen de estos refugios.

Por otra parte, no es imprescindible que los humanos se mantengan recluidos permanentemente en estos refugios, pues podrían moverse por la superficie con trajes semejantes a los espaciales que sirvan de protección ante las radiaciones, claro, esto haría difícil y costosa la movilidad en medio de tantos problemas que resolver. En general, las medidas de seguridad que se toman con los tripulantes de los satélites y otros vehículos espaciales son las que necesitaría tomar el hombre, pero en su propio entorno: La Tierra, y por tiempo indefinido. Lo que si está claro, es que el ser humano no puede estar expuesto de manera constante al viento solar y las radiaciones de alta energía que llegan del cosmos, así como tampoco el planeta. De hecho podríamos calificarlo como un *planeta enfermo y agonizante*.

Para dar un atisbo de esperanza ante estos acontecimientos catastróficos, en años recientes se ha descubierto que ciertos hongos del tipo *Cladosporium* como: *Cladosporium phaerospermum, Cryptococcus neoformans y Wangiella dermatitidis* son capaces de subsistir bajo intensas fuentes de radiación, cuestión comprobada en la región de Chernobil sometida aún a una alta radiación provocada por el desastre sufrido en una central electronuclear en la década de los 80 del siglo pasado. Allí, estos microorganismos se desarrollan normalmente y quizás en mejores condiciones por la menor competencia con otras especies de congéneres similares.

Los hongos en cuestión, presentan como carácter distintivo de otros congéneres de su especie, el presentar concentraciones de **melanina** superiores. Esta sustancia, presente en la piel de los humanos para protegerla ante las radiaciones solares, tiene la capacidad de dispersar la luz ultravioleta, por lo cual las personas que habitan regiones del planeta expuestos constantemente a intensa radiación solar, presentan la piel más oscura. Se hace probable que la melanina ayude a los hongos a emplear las radiaciones de alta frecuencia que reciben para utilizarlas como fuente de energía para sus procesos vitales.

Quisiéramos pensar que en un futuro no muy lejano los seres humanos sean capaces de alcanzar un desarrollo tecnológico tan elevado como para crear suficientes escudos protectores de diferente escala, capaces de atenuar los efectos destructivos del viento solar, porque ni imaginarse en construir uno de tal tamaño que emule el efecto protector del campo terrestre. Mientras tanto, cada año la intensidad del campo magnético terrestre, nuestro benigno protector, disminuye en una proporción del 0,06 %, que es una cifra elevada y alarmante, sin que con esto se pueda pronosticar una Apocalipsis magnética, pero ¿por qué no estar alertas y tener un plan A o B por si esto tendiese a ocurrir?

8. Fenómenos meteorológicos de alta intensidad.

De continuar un descenso lineal o progresivo de la intensidad del campo magnético terrestre, este iría decreciendo en magnitud hasta que cercano a su extinción alcanzaría valores mínimos, aunque quizás se mantendría un pequeño campo debido a una velocidad residual inercial de sus propias capas nucleares internas, o al campo magnético que acompaña al viento solar inherente a sus cargas eléctricas componentes en movimiento.

Es de prever, que en la medida que esto suceda, se irían produciendo una serie de eventos meteorológicos diferenciados de gran magnitud como los siguientes:

- Sobrecalentamiento de la atmósfera y los océanos.

- Fundición del hielo en los polos e incremento de la altura del nivel del mar. Inundaciones.

- Presencia de auroras boreales en extensas regiones del planeta, incluyendo las zonas del Ecuador.

- Tormentas eléctricas intensas y frecuentes.

- Tormentas de polvo como en Marte, o como las de los desiertos. Incremento del polvo en suspensión: Calima constante.

- Danas y ciclones. Aguaceros torrenciales acompañados de fuerte viento y precipitación. Desbordamiento de los ríos.

- Lluvia de meteoritos.

El incremento de radiación a que se vería sometida la atmósfera terrestre desprovista de protección ante el viento solar y los rayos cósmicos, provocaría un fuerte aumento de las temperaturas, y por supuesto de la velocidad e intensidad del flujo de aire, y con ello de las corrientes oceánicas, por lo que grandes masas de agua sobrecalentada y en movimiento descontrolado, incidirán sobre los casquetes polares ocasionando su fusión, así como de los iceberg circundantes. De manera, que los otrora inmensos hielos del polo norte dejarían de ser una barrera para que las intensas corrientes de agua interoceánica transitaran libremente por todo el planeta, acelerando el intercambio de calor entre las diferentes zonas del globo terráqueo.

Es de inferir, que al derretirse las masas de hielo de los casquetes polares, aumente notablemente la altura del nivel del mar, causando inundaciones en las zonas costeras de muchos países, incluso, algunos superpoblados como Bangla Desh, con el necesario desplazamiento de grandes masas de población, y esto seguiría hasta que todo el hielo se derrita y los mares alcancen su máximo nivel. De igual manera desaparecerían la mayor parte de los atolones e islas coralinas del Pacífico. También las barreras de coral se verían fuertemente afectadas y comenzarían a morir los corales, mientras las criaturas que viven en ellos, y a las que brindan protección, serían presas fáciles de las especies carnívoras más agresivas y no tendrían refugio alguno donde protegerse.

De manera, que lo que otrora fuesen zonas litorales costeras, ahora serían más profundas, afectando el habitat de numerosas especies vegetales y animales, que unido a los cambios de temperatura, establecerían como un océano caótico donde las especies para sobrevivir deben sufrir grandes transformaciones morfológicas y funcionales, así como cambiar constantemente de habitat, emigrando hacia las regiones donde su organismo pueda adaptarse mejor. Y este calentamiento no se detendrá, al menos mientras quede una gota de agua sobre la Tierra.

A la par, grandes masas de agua evaporada en densas nubes se verían obligadas a descargar su contenido en forma de fuertes y prolongados aguaceros incluidos en tormentas de intensidad mucho mayor que las actuales *danas* que azotan determinadas zonas del planeta. La intensidad de los ciclones y tifones romperá todos los record posibles acompañados de tormentas de rayos nunca vistas.

Estas precipitaciones podrían provocar el desbordamiento de los ríos, desprendimientos de tierra, inundación de los cultivos, y por supuesto, pérdidas de vidas humanas y de animales, por lo que hablar de agricultura bajo estas condiciones es algo imposible de pronosticar. Claro, todo esto vendría acompañado de una hambruna masiva, que se iría intensificando en la medida que se incremente la temperatura sobre el planeta.

Es de pronosticar que las aureolas boreales desborden sus zonas geográficas de ubicación y probablemente cubran una gran extensión del cielo terrestre, de manera que fuese común observarlas desde el Ecuador y que el fenómeno de las noches blancas de San Petersburgo se extienda a una gran porción del planeta.

En la medida que el planeta pierda atmósfera, principalmente vapor de agua, las zonas cálidas se irían desertificando, lo cual supone que en ellas se desarrollen tormentas de polvo mucho mayores que las marcianas, así como que las de arena de los desiertos comenzarían a ser frecuentes en zonas otrora tropicales. El fino polvo en suspensión formaría una inmensa calima que afectaría la capacidad visual y el sistema respiratorio de los humanos y otras especies de animales, mientras el planeta se iría llenando de polvo superficial y en suspensión en la medida que las precipitaciones fuesen disminuyendo en intensidad, hasta que el planeta se convierta en un completo desierto.

Para comprender un tanto lo que significaría un aumento desproporcionado de las temperaturas acompañado de suelos que se harían más áridos y arenosos, y por supuesto la existencia de mayor cantidad de polvo en suspensión, es interesante valorar el recién fenómeno de la *gran calima* que afectó la región del archipiélago canario en fecha muy reciente, principalmente entre el 22 y el 24 de febrero del presente año, y la repercusión que tuvo en la navegación aérea, la calidad del aire respirable y otros hechos relacionados más, incluyendo el estado de las personas.

De hecho, se habían pronosticado tormentas de aire de gran intensidad como exactamente ocurrieron, con rachas que alcanzaron velocidades de hasta 160 km//h en algunos puntos del archipiélago, sin que vinieran acompañadas de lluvia y humedad, todo lo contrario, con mucha sequedad y precursora de una gran calima en que el número de partículas llegó a situarse en torno a las 1600 ug/m^3, 32 veces más que el máximo normal permisible, que se sitúa en 50 ug/m^3 de partículas sólidas en suspensión en el aire respirable.

Las imágenes captadas por satélite reflejaron la salida de una intensa mancha de arena en forma de polvo en suspensión que abandonaba el desierto del Sahara y se distribuía por toda la región canaria sobre la que avanzaba muy lentamente, por cuanto era afectada frontalmente por un anticiclón del Atlántico en la parte occidental de las Islas. Pronto comenzaron a manifestarse las consecuencias de este fenómeno cuando la visibilidad en los aeropuertos se hizo mínima por la densa calima que impedía a los aviones aterrizar con seguridad, sobre todo en el aeropuerto de Mas Palomas en Gran Canaria.

Paralelo a lo anterior, la avalancha de polvo vino acompañada de una plaga de libélulas africanas observadas por los pasajeros de los aviones al aterrizar, que al principio se pensó que eran langostas.

Con el paso de las horas y ante algún que otro aterrizaje peligroso, las autoridades aeroportuarias decidieron posponer vuelos, realizar desvíos y en algún momento interrumpir las operaciones. De manera, que comenzó a llenarse de personas el aeropuerto, principalmente con turistas que culminaban sus vacaciones. De hecho, más adelante ocurrió lo mismo en los aeropuertos tinerfeños, en la medida que la densa calima se dirigía hacia el occidente.

La extinción de algunos conatos de incendios en la isla de Gran Canaria se hizo difícil o imposible bajo las drásticas condiciones de aire seco y caliente. El cielo cambió poco a poco de tonalidad, de azul a marrillo y en algunos lugares a rojo, como si se tratara de un paisaje marciano.

La navegación marítima también se vio afectada, y al menos hubo una colisión de barcos entres dos ferrys en el puerto tinerfeño de los Cristianos. Uno que salía del puerto se le hizo imposible esquivar a otro barco varado por lo crispada de las olas y por la escasez de visibilidad ocasionada por el polvo en suspensión. Por suerte, el choque fue leve y no hubo que lamentar daños entre los pasajeros.

En el norte de la isla de Tenerife las rachas de viento tomaron intensidad huracanada y el jardín de aclimatación botánica en el municipio de la Orotava sufrió numerosos daños con la inclusión de árboles derribados, lo que lo obligó a cerrarlo hasta solucionar los problemas causados por la borrasca. Hechos semejantes se sucedieron en hoteles y centros de recreación. El turismo, principal renglón económico de las islas, quedó paralizado por completo. La mejor forma de enfrentar el suceso era desde casa, con todas las puertas y ventanas cerradas, aunque algunas personas hicieron uso de mascarillas.

El aire en el archipiélago se hizo poco menos que irrespirable, mientras los ojos enrojecidos ardían por el polvo en suspensión, todo lo cual causaba molestias, principalmente en personas con trastornos respiratorios. Según los lugareños, sobre todo los mayores, nunca un hecho semejante había ocurrido en las islas, al menos que ellos recordaran.

Una vez comenzó a descender lentamente la calima, se pudieron evaluar los destrozos y daños materiales, mientras la superficie del suelo se encontraba cubierta de polvo, y de los toldos de restaurantes y cafeterías caían torrentes de este nada más sacudirlos. Igual quedarían los techos de las casas y edificios en espera de una posible lluvia roja posterior que a demoraría en llegar, salvo en algún municipio de la isla de Gran Canaria.

Este hecho, sin lugar a dudas, no está motivado por las irregularidades del campo magnético terrestre, ni por una lluvia de partículas cargadas proveniente de una tormenta solar, o de intensos flujos de rayos cósmicos, pero sí acercó a unas islas paradisíacas a lo que puede ser una Apocalipsis climática, y a un paisaje semejante al marciano con el ambiente saturado de polvo en suspensión en un cielo enrojecido. En esos días, la región canaria se convirtió en la más contaminada del planeta, dejando a sus habitantes con la sensación de temor y de vació, en lenguas y bocas secas, y respirando un aire, que valga la redundancia, era irrespirable.

Como la Tierra está mucho más cerca del Sol que Marte, los fenómenos que actualmente ocurren sobre la superficie de este no serían nada en comparación con lo que ocurriría en la Tierra, ahora el hermoso planeta desbordante de vida y de vegetación Si se puede hablar de Apocalipsis o Armagedón, algo parecido es lo que iría sucediendo en el otrora planeta azul con la disminución gradual y progresiva del campo magnético, lo que incidiría desfavorablemente en las creencias religiosas y en la forma de comportarse de las personas que sean capaces de enfrentarse y sobrevivir ante tantas adversidades.

9. Apagones y afectaciones de la industria y las comunicaciones.

Los inmensos logros tecnológicos alcanzados por el ser humano serían el blanco perfecto para las alteraciones atmosféricas creadas por la disminución de la intensidad del campo magnético terrestre, pues la generalidad de ellos está relacionada con la electricidad y las comunicaciones, en un mundo completamente globalizado.

Hay constancia histórica de que en agosto 1859 los efectos del incremento de radiación que entró a la Tierra proveniente de una fuerte tormenta o llamarada solar, provocó la interrupción de las comunicaciones telegráficas y se sucedieron algunos incendios, tal como pudo dejar constancia R. Carrington que estudio el fenómeno desde su pequeño observatorio de Redhill, en el sur de Inglaterra.

Según las informaciones de Carrington, que llevaba observando el Sol día tras día durante años, se presentó una agrupación anómala de manchas solares sobre la superficie del Sol, seguida al final por una explosión de luz blanca observable con sus escasos medios telescópicos, la cual salió disparada hacia el espacio y cuyos efectos comenzaron a observarse en la Tierra 17 horas después, cuando las auroras boleares se extendieron por medio planeta y llegaron a alcanzar tal magnitud, que en algunos lugares resultaba difícil diferenciar el día de la noche. El evento se fue incrementando en los próximos días tomando otros matices de lo cual dejaron constancia los medios de prensa de la época.

En algunos lugares los telégrafos emitían chispas y no permitían la comunicación, mientras los cables que unían estos equipos a las baterías sufrían un fuete calentamiento alcanzando temperaturas muy altas, cercanas al punto de fusión del metal conductor. Por otra parte, en latitudes más lejanas, los equipos funcionaban perfectamente y sin el empleo de fuentes de generación eléctrica, era tal la intensidad de partículas eléctricas cargadas que llegaba al planeta que esta podía suplir a las baterías como fuente de alimentación.

Comentan algunos, que la luz roja que inundaba el ambiente era reflejada en las aguas como si estas estuviesen teñidas de rojo y se repitiese el precepto bíblico de las 10 plagas de Egipto.

"La tormenta solar de Carrington", tal como se le

dio a conocer, afectó las comunicaciones telegráficas entre Europa y los Estados Unidos y durante aquel evento, el más grande registrado detalladamente hasta ahora, las auroras boreales llegaron a las zonas del Ecuador terrestre.

Cuando ocurrió el evento de Carrington aún la red eléctrica era solo un sueño, y no existían las grandes estructuras de generación y distribución de electricidad empleando un cableado metálico que facilita la conducción de corrientes eléctricas de elevado voltaje e intensidad como ahora ocurre, formando un sistema inmenso de redes en todas las regiones del planeta, principalmente donde se encuentran los países más industrializados, por lo que es imposible imaginar los daños que una tormenta solar de tal proporción pudiese causar en la actualidad.

Por las redes de transmisión de electricidad alterna circulan corrientes de decenas y hasta cientos de miles de voltios y no pueden coexistir con corrientes continuas como las que se pueden formar por campos de radiaciones de partículas cargadas eléctricamente como electrones. De manera, que estas corrientes eléctricas continuas formadas, aunque sean de pequeña intensidad, pueden ocasionar el sobrecalentamiento y posterior destrucción de los transformadores y por consiguiente la interrupción del flujo de corriente eléctrica, en lo que se conoce como *apagones por tormentas eléctricas*, y la humanidad aún no está preparada para estos apagones, ni técnica, ni socialmente.

Los apagones que se han sucedido a lo largo de la historia ocasionados las más de las veces por causas ajenas a las tormentas solares, desde que existe la red eléctrica moderna, ocasionan la paralización de la industria, del transporte, y en esencia de la actividad humana, aunque hasta el presente la mayor parte de ellos deba su causa a otros factores que no son exactamente los ocasionados por altos flujos de radiaciones cargadas eléctricamente originados por las tormentas solares, pero ya algunos de estos últimos han ocurrido.

Cuando hay apagones de larga duración, estos se asocian, además de los problemas técnicos, al desbordamiento de actitudes negativas acumuladas en grupos de personas con tendencias antisociales que encuentran la posibilidad de realizar actos vandálicos de diferente magnitud y extensión, que van desde la provocación de incendios, la destrucción de inmuebles y locales, así como al robo y saqueo de establecimientos comerciales, y no en pequeño número, sino hasta en el orden de los cientos y hasta más de mil en un solo evento.

La lista de apagones ocurridos en el mundo durante los últimos años es alta, y algunos de ellos, aunque no los mayores, han sido ocasionados por el efecto de la elevación del flujo de radiaciones de partículas eléctricas cargadas que entran a la atmósfera proveniente de las tormentas solares, lo cual es de preocupar, porque se pronostica que en los próximos tiempos el Sol podrá entrar en un nuevo período de intensa actividad.

Para destacar algún evento, aunque menor en escala que el de Carrington, cuya causa sean las radiaciones solares de alta intensidad capaces de penetrar el escudo magnético de la Tierra, vale recordar el apagón ocurrido en Québec, Canadá, durante el mes de marzo de 1989, que coincidió con un momento de fuerte actividad solar, durante dicho evento, se interrumpió la electricidad por un intervalo de 9 horas afectando a más de 6 millones de personas, paralizando la industria e interrumpiendo las comunicaciones, también se destruyeron numerosos generadores eléctricos y se fundieron líneas de transmisión de electricidad de alta tensión. La ciudad quedó a oscuras durante horas. La repercusión del daño causado demoró meses en recuperarse.

Tres días antes del apagón de Québec, el 10 de marzo de 1989, el Sol había entrado en un momento de fuerte actividad y envió hacia el espacio un flujo concentrado de radiación que al impactar sobre el escudo magnético protector de la Tierra, este fue incapaz de desviarlo totalmente, penetrando en la atmósfera con la intensidad suficiente para causar un fenómeno de tal magnitud.

Pero de todos los apagones registrados por tormentas eléctricas, el más grave fue el de Nueva York en julio de 1977, el cual se prolongó por más de 24 horas, dejó unas diez millones de personas sin suministro eléctrico, y se registraron cerca de 1000 incendios, muchos de ellos provocados, así como unos 1600 atracos a comercios y locales, todos ellos incontrolables por los medios de orden público. Este se inició por la destrucción de un transformador por efecto del incremento de radiación en esa zona provocado por una tormenta solar.

Al margen de apagones provocados o relacionados con los efectos del viento y las tormentas solares, los ocurridos por otras causas dejan un rastro de vandalismo en algunas de las grandes ciudades de gravedad y efecto considerable, y la mayor parte de ellos han sido de una magnitud y una duración mucho mayor que los anteriores.

10. Desorientación de especies animales por variaciones del campo magnético terrestre.

Uno de los primeros problemas a los cuales habría que enfrentarse, una vez alterado el campo magnético, lo constituye la del modo de vida u orientación de un grupo de animales que todo hace indicar que se orientan mediante el campo magnético terrestre, nos referimos principalmente a las aves migratorias que año tras año se ven obligadas a mudarse de sitio por el frío o la falta de alimentos, también grandes mamíferos como las ballenas, cuya desorientación las lleva a varar en zonas bajas de la costa donde perecen por falta de presión, deshidratación, o aplastamiento de sus pulmones por su enorme peso.

Sería imposible la vida de estos animales sin el campo magnético terrestre, o si este se viese muy alterado, como se ha podido apreciar con las ballenas en épocas recientes, cuando por esta u otra causa producida por el ser humano, o quizás por las consecuencias de intensos fenómenos meteorológicos, se han dado catástrofes como las ocurridas recientemente en Boa Vista, en Cabo Verde, donde quedaron varadas numerosos de estos cetáceos y más de 130 murieron en sus playas, lo que constituyó un dramático espectáculo de dolor y muerte.

En 2017 había ocurrido un hecho aún más desolador que el anterior, con el varamiento de 300 ballenas en las costas de Nueva Zelanda. Fenómenos parecidos se han dado en Estados Unidos, Argentina, Chile, etc., sin que se pudiese afirmar categóricamente que estén directamente relacionados con fenómenos magnéticos, pero muchos lo suponen, aunque algunos discrepan y llegan a considerar que en este fenómeno pueda también intervenir, el Sol, las estrellas y sobre, todo las tormentas marinas.

Lo cierto es, que algunas familias de ballenas como las jorobadas, trazan una trayectoria recta durante su desplazamiento anual de unos 8000 km, en su largo recorrido entre las cálidas costas norteamericanas, lugar de apareamiento, y las frías aguas del polo norte, su principal habitat alimenticio, como si poseyeran la capacidad de orientación de instrumentos muy exactos y sensibles como los GPS modernos.

Se considera que otros animales como las tortugas y los salmones probable mente también se orienten por el campo magnético terrestre, como se induce de las trayectorias que siguen con el fin de depositar sus huevos en los lugares para ellos más adecuados. Sin embargo, estas aseveraciones puede que aún no sean concluyentes, porque algunos podrían hacerlo orientándose por el Sol e incluso por las estrellas, pero las mayores opiniones tienden a las primeras suposiciones.

Experimentos recientes con delfines en Neuve Savage, en Francia, confirmaron que estos se comportaban de forma diferente cuando nadaban cerca de imanes colocados en distintos lugares de las piscinas, por lo que se podría inferir que son receptivos a los campos magnéticos.

En otro experimento llevado a cabo, también con delfines, varios de estos nadaron en una piscina donde habían colocados dos barriles iguales, con la única diferencia que en uno de ellos había imanes dentro y en el otro no. Al final se comprobó que estos nadaban directamente primero al que contenía los imanes.

Se considera que las palomas mensajeras, y como expresábamos, otras aves, se orientan mediante el campo magnético terrestre, sin el cual perderían el rumbo y la forma de llegar a sus destinos, con el peligro para sus propias vidas, pues allí es donde tienen el habitat de protección.

Las mariposas, y también las abejas son consideradas como insectos que se orientan por el campo magnético terrestre. De manera que ya existe un término: *magnetorecepción* para indicar la capacidad que tienen diferentes especies y organismos, para identificar, orientarse y realizar otras funciones, auxiliados por el campo magnético que crea la Tierra.

Es interminable la lista de animales, insectos, bacterias y hongos que poseen la capacidad de identificar y reaccionar ante los campos magnéticos, en algunos de estos se ha encontrado minerales de hierro con acción ferromagnética como la magnetita y sulfuros de este metal, entre otros.

En 2015 se informó que un grupo de investigadores chinos aislaron en el genoma de la mosca de la fruta una proteína a la que llamaron MagR, que tiene la capacidad de formar una especie de bastón con el criptocroma capaz de percibir la intensidad y orientación del campo magnético terrestre.

También, una modalidad de criptocroma, el Cry4, es un tipo de proteína que se encuentra en los ojos de las aves y que todo hace suponer le permite orientarse por el campo magnético terrestre. Se conoce que este tipo de proteínas son macromoléculas biológicas fotorreceptoras de luz de determinada longitud de onda, que ayudan en la modulación de las oscilaciones de variables biológicas en intervalos regulares.

Se han mencionado solo algunos ejemplos, todos del reino animal, pero ellos como los humanos modernos precisan del campo magnético terrestre, sin el cual sería imposible predecir un futuro de existencia y supervivencia. Con respecto a los humanos, los instrumentos que posibilitan las comunicaciones, la movilidad y el quehacer diario de estos, se dificultaría extraordinariamente cuando los satélites se vean obligados a interrumpir las comunicaciones, los GPS den absurdos errores de ubicación y las brújulas señalen erróneamente la dirección de los polos magnéticos. Un panorama así sería algo menos que apocalíptico.

11. Lluvia de meteoritos.

Los meteoritos son cuerpos espaciales de pequeño tamaño que penetran la atmósfera de la Tierra y en gran medida se desintegran, funden y vaporizan por la elevación de la temperatura producida por la onda de choque contra esta, y en menor medida por la posterior fricción con los gases que la integran, ya que entran con gran velocidad, pero algunos, por su tamaño, pueden alcanzar la superficie del planeta, aunque pierden parte de su masa en la caída.

La cantidad de estos pequeños cuerpos que entran en la atmósfera terrestre es sumamente elevada, aunque una fracción muy pequeña de estos son los que llegan a alcanzar la superficie de la Tierra dada la densa atmósfera del planeta, por lo que la mayor parte de su masa queda esparcida dentro de esta. Durante esta caída producen una alta luminosidad por lo que aparentan estrellas fugaces, nombre con el que se conocen popularmente en muchos países.

Aunque muchos suponen que la alta temperatura de estos cuerpos al entrar a la Tierra sea por fricción con las moléculas de gases que forman la atmósfera, las teorías más modernas sugieren que esta es debida a la compresión de la atmósfera por el choque y posterior expansión de esta, cuya energía se trasmite al cuerpo en caída libre. Este proceso ocurre generalmente a una altura de entre 80-100 km de la superficie terrestre. Actualmente el termino meteorito se refiere a los cuerpos que pueden alcanzar la superficie terrestre, aunque constantemente es capturada por la Tierra una gran cantidad de polvo y cuerpos muy pequeños, cuya entrada en la atmósfera a veces es imperceptible para la vista humana.

Existe documentación sobre la llegada de más de 30 000 meteoritos a la superficie de la Tierra y cada día se descubren más, bien de épocas pasadas o caídos recientemente. Se estima que anualmente llegan a la superficie terrestre cientos de meteoritos de diferente forma, peso y tamaño. Su composición puede ser diversa y pueden alcanzar diferente tamaño, generalmente se presentan como pequeños guijarros de unos cuantos gramos pero pueden hallarse cuerpos más pesados, con masas cercanas a 1 kilogramo y más. De todos los que caen solo una pequeña porción, del orden del 5 %, son los que se recuperan.

La composición química de los meteoritos puede

ser variada, algunos muestran forma y son de contenido principalmente rocoso, y otros son sólidos metálicos que generalmente contienen aleaciones de hierro y níquel en diferente proporción, aunque generalmente predomina el hierro, también se han encontrado minerales de otros elementos metálicos como el vanadio. Hay teorías que consideran que antes de la "cultura del hierro", que prosiguió a la del bronce, ya los antiguos conocían este metal por los propios meteoritos. De hecho, en la tumba del faraón griego Tutankamón se encontró dentro de las armas y utensilios que acompañaban al gran rey en su largo viaje hacia la morada de los Dioses, un cuchillo elaborado con este metal, en momentos en que los egipcios aún no conocían su metalurgia, pues se hallaban aún en la "edad del bronce" (1327 antes de nuestra era), aunque hay teorías que apuntan a que pudo ser un obsequio de las tribus del Asia Menor, o de Chipre, donde se considera que se inició la tecnología de fundición y elaboración de instrumentos y armas de hierro.

Se supone, que los meteoritos metálicos provienen del choque de diferentes asteroides entre sí en cuyos núcleos se fueron depositando por gravedad metales pesados como hierro y níquel. Tal puede ser también el caso del centro de la Tierra, lo que por analogía pudiese ser una forma de predecir la composición química de la zona nuclear del planeta.

Es de suponer, que en la medida que la Tierra pudiese perder grandes cantidades de gases de su atmósfera por un acontecimiento cataclismico relacionado con la disminución de su campo magnético, y por consiguiente la irrupción de potentes flujos de viento solar y radiaciones cósmicas que al chocar con ella hiciesen que mayores cantidades de esta fueran arrojadas hacia el espacio, la atmósfera se haga más tenue y delgada, y mayor cantidad de meteoritos puedan atravesarla y llegar a la superficie terrestre, tal como se puede observar de los impactos de estos y los cráteres formados en la superficies de la luna.

Esta lluvia constante de meteoritos, aunque no hay aún forma de valorar su impacto, en nada puede beneficiar a un "planeta enfermo" y a merced de todos los peligros que acechan en el espacio exterior. Se suma a la lluvia de partículas ionizantes de pequeño tamaño la entrada libre de otros cuerpos de mayor masa y alta velocidad, aunque no comparable al de las partículas cargadas que componen las radiaciones.

En relación con la cantidad de meteoritos que caen a la Tierra, independientemente de su tamaño, se considera que cada hora impactan en ella más de 60 de estos cuerpos o lo que es igual, que en u año lo hacen más de 500 000, lo que es una cifra respetable, que con una atmósfera más débil se multiplicaría la cantidad que llegan a la superficie en comparación con la que llega a día de hoy, por lo que los habitantes que puedan aún sobrevivir bajo las condiciones apocalípticas existentes, tendrían que enfrentarse a un fenómeno negativo más, entre tantos otros.

Por otra parte, es de pensar que en las condiciones antes indicadas de deterioro de la atmósfera, el poder de impacto de los meteoritos sobre la Tierra se multiplicaría, por lo que un cuerpo de pequeño tamaño podría causar un impacto destructivo igual al de uno varias veces mayor, en proporción al debilitamiento de las capas de la atmósfera, esto es, llegarían más y la potencia de impacto de cada uno de ellos sería mucho mayor.

¿Pero acaso pueden causar tantos destrozos los meteoritos?

Parecería que no, pero al menos los pocos registrados motivan alarma. Solo refiriéndonos a los de tamaño apreciable, las estadísticas indican que cada año caen a la tierra unos 500 meteoritos de masa superior al medio kilo, de los que como media, un 75 % lo hacen en los mares y océanos dada la mayor superficie de estos, por lo que en tierra este porcentaje debe ser de un 25 %, y en otras palabras, unos 125 caerían en la superficie que puede habitar el ser humano.

También, cada unos pocos cientos de años puede impactar sobre el planeta un cuerpo de tamaño apreciable, de decenas de metros de diámetro y varias toneladas de peso, como el que se considera debía ser el tamaño del que cayó en Tunguska, Siberia, en junio de 1908, que arrasó y quemó la vegetación existente en una superficie de unos cientos de kilómetros a la redonda, aunque algunos consideran que fue un pequeño asteroide, o hasta un cometa de menor dimensión, dado que no se han recuperado trozos del mismo, tal vez debido a que el choque con la atmósfera fue tangencial, por lo que más que precipitarse directamente, este explotó cerca de la superficie.

El impacto del choque del meteorito anterior fue registrado en regiones muy alejadas del lugar del impacto, e incluso se registraron eventos como el derribo de personas y la ruptura de los vidrios de las ventanas a una distancia de 400 km del epicentro del evento. Los testimonios de los habitantes de la zona pertenecientes a la etnia Tungus, descendientes de mongoles y dedicados al pastoreo de renos que se hallaban a unos 40 km del lugar, informan que sus tiendas fueron derribadas y los animales huían despavoridos.

Lo despoblado del lugar evitó accidentes mortales, al menos que se hayan registrado, la brillantez del evento emuló al Sol en intensidad y durante varios días después las noches parecían iluminadas. Se calcula que la potencia de la explosión fue de unos 30 megatones a unos 8 km de altura y que es probable que fuese más de una dada la posible desintegración del bólido.

Dado lo tardío de las investigaciones llevadas a cabo en torno al meteorito de Tungunska - la primera expedición arribó al lugar 13 años después - lo inhóspito y alejado de la civilización y otros factores relacionados con la escasez de recursos para organizar expediciones de búsqueda y exploración, han determinado que aún no se tenga una explicación detallada de que tipo de cuerpo impactó, por cuanto tampoco se han hallado cráteres visibles. Este hecho constituye uno de los grandes enigmas que quedan sin resolver para la ciencia por lo que aún siguen organizándose expediciones para investigar en el lugar de los hechos.

Ya más reciente, aunque se trata de un evento de mucha menor magnitud, en febrero de 2013, fotógrafos aficionados filmaron la caída de un bólido de tamaño apreciable que atravesó gran parte del cielo en trayectoria inclinada y sobrevoló la ciudad rusa de

Cheliabinsk, en los Urales, para impactar a unos 80 km de esta. El peso del meteorito superaba las 5 toneladas dispersándose en múltiples fragmentos, de los cuales pudo ser recuperado uno de enorme tamaño, con un peso de unos 650 kg que impactó en la superficie helada del lago Chebarkul, donde al caer produjo un cráter de unos 8 metros de diámetro

La potencia de la explosión del meteorito de Cheliábinsk se calcula fue de 500 kilotones y causó numerosos daños materiales, pues algunos pequeños fragmentos se dispersaron por toda la región y se calcula que cerca de 1500 personas sufrieron algún tipo de lesión de baja gravedad, mayormente producida por la onda expansiva al volar con una velocidad muy por encima de la barrera del sonido, lo que provocó numerosas ventanas destruidas, cristales esparcidos por todos lados y daños menores en edificios, pero no hubo que lamentar ningún herido de gravedad. Muchos de las personas que solicitaron atención sanitaria fueron niños. Hay que tener presente que el evento se produjo en pleno invierno, lo que trajo aparejado dificultades para enfrentar el intenso frío de las noches rusas, por lo que se acudió a cualquier tipo de artilugio para sellar las ventanas destrozadas por la onda expansiva de la explosión.

Estudios posteriores del evento sugieren que el objeto provenía del cinturón de asteroides que se encuentra entre Marte y Júpiter, posiblemente formado por el choque entre dos cuerpos mayores, uno de cuyos trozos se dirigió hacia la Tierra. Probablemente la explosión del cuerpo al caer ocurriese a unos 10 u 20 km de altura.

Según datos tomados de observaciones de la

NASA, se considera que el tamaño del meteorito antes de entrar a la atmósfera era de 17 m de alto por 15 de ancho con una masa muy superior a la suma de los trozos dispersados después de la explosión, y que llegó a la Tierra a una velocidad de unos 64 000 km/h, por lo que superó en decenas de veces la velocidad del sonido.

La importancia dada a la caída de este meteorito fue tal, que el Primer Ministro ruso D. Medvedev se refirió a este evento como una prueba más de "la vulnerabilidad del planeta" ante hechos semejantes, donde no hay medios ni para prevenirlos ni para evitarlos. La edad calculada de este meteorito fue de más de cuatro mil millones de años por lo que fue contemporáneo con el momento de la formación de la Tierra.

12. Tormentas solares.

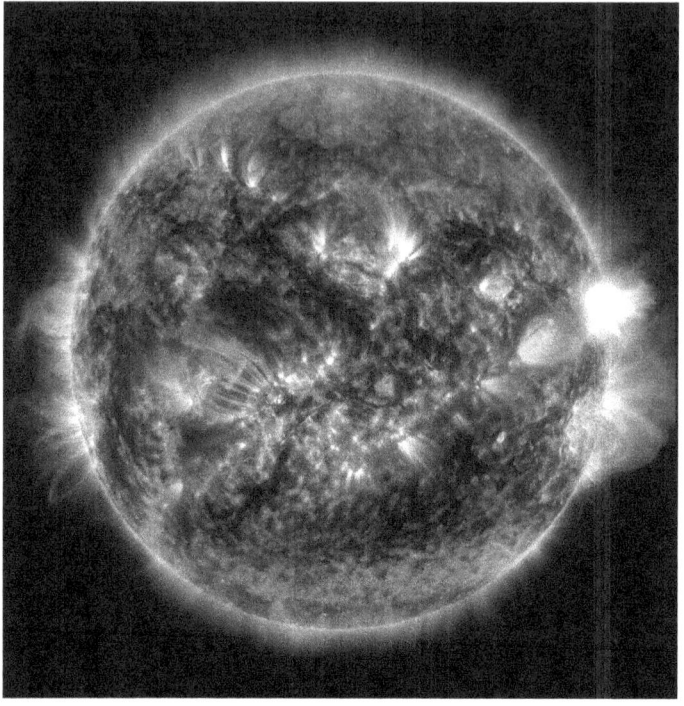

Al parecer, hay una interrelación directa entre las tormentas solares, esto es, las violentas e intensas emanaciones de plasma solar por explosiones en su superficie, que hacen curvarse y romperse el campo magnético del Sol para ser expulsadas hacia el espacio, y las afectaciones del campo magnético terrestre, las auroras boreales y la avalancha de partículas eléctricas cargadas sobre la atmósfera, así como sus efectos colaterales. Estos acontecimientos generalmente no suceden como un acto único, sino que están constituidos por varios eventos en un espacio de tiempo determinado, y no necesariamente tienen que corresponderse con períodos de alta intensidad solar, de acuerdo a sus ciclos de 11 años, sino, que pueden darse en momentos de aparente calma, como por ejemplo, la ocurrida en octubre de 2003 conocida como "Tormenta de Hollowen" por coincidir con la fiesta de las brujas, los monstruos y los misterios, que se corresponde con el 31 de octubre. En esta ocasión el Sol no entró en *trato*, más bien en *truco* de acuerdo a la inocente pregunta de los niños en busca de sus bien merecidas golosinas.

No se puede considerar a esta tormenta que afectó la Tierra entre los días 19 de octubre y 7 de noviembre de 2003 como una de las más grandes y catastróficas, pero pese a esto, tuvo sus efectos negativos en el trafico aéreo en determinados países, el funcionamiento de algunos satélites, en la red eléctrica sueca, y sobre todo en la aparición de auroras boreales intensas en zonas alejadas de los polos.

Precedió a la tormenta el incremento de la aurora boreal sobre Alaska a mediados de octubre del año en cuestión, donde el cielo se vio fuertemente iluminado por una luz verde opaca, pero intensa, y posteriormente en los días siguientes a la tormenta, el 29 de octubre, esta fue vista en zonas tan meridionales como Texas y la Florida, donde tomaron una tonalidad fuertemente rojiza, como si el cielo se hubiese teñido de sangre por los macabros eventos de las brujas.

La explosión solar ocurrió sobre el 26 de octubres de 2003 en una época de poca actividad solar y de escasas manchas, pero el evento comenzó de repente y del Sol emanaron 17 ráfagas de viento solar de colosales dimensiones. Las líneas de fuerza magnética de la estrella fueron incapaces de sostener la enorme energía acumulada, y millones de toneladas de flujo plasmático cargado, y a elevadas temperaturas, salio disparado hacia el espacio a una velocidad considerable, en algunos casos cercanas y superiores a los 2 000 km/s

El campo magnético terrestre se vio golpeado fuertemente a partir de los días sucesivos, y los efectos fueron de tal magnitud, que en algunos aeropuertos los controladores aéreos se vieron obligados a desviar vuelos hacia otros aeropuertos, dado el efecto del viento solar y sus partículas integrantes cargadas dentro de la atmósfera, sobre las comunicaciones. En algunos países nórdicos el efecto fue tan brutal que en Suecia se interrumpió el servicio eléctrico por una hora.

Las misiones espaciales también se vieron afectadas durante los días que duró el evento relacionado con la fuerte tormenta, lo cual ocasionó que los instrumentos a bordo de las naves se interrumpieran para evitar verse averiados, mientras que otros, como los encargados de las investigaciones del Observatorio Solar y Heliosférico (SOHO) sufrieron interrupciones, también el satélite Advanced Composition Explorer (ACE) de la NASA se vio fuertemente afectado.

Uno de los destellos de esta tormenta dentro del marco del evento de Hollowen, alcanzó la magnitud X con un índice de 28 en la escala de Richter, ocurrido en la madrugada del 4 de noviembre de ese año, que de haber incidido directamente sobre la Tierra, hubiese traspasado sin dificultad la barrera geomagnética y causado severos trastornos y daños incalculables en gran parte del planeta.

Aunque solo las tormentas solares de gran intensidad inciden sobre los sistemas de comunicaciones y pueden afectar el suministro eléctrico, los eventos de menor intensidad no son tan raros y pueden ocurrir con más frecuencia de lo esperado, así, a mediados de mayo de 2019 los científicos alertaban de la ocurrencia de un fenómeno de esta naturaleza y de su afectación a la Tierra entre los días 15, 16 y 17 del propio mes, aunque no se reportaron daños, por cuanto el campo magnético terrestre pudo soportar el evento. Tampoco se registraron auroras boreales en zonas fuera de su ámbito normal de ocurrencia.

Hay interés en la comunidad científica por determinar la frecuencia aproximada de ocurrencia de las tormentas solares, a los efectos de que se esté preparado para tales eventos, sobre todo en el caso de las tormentas mayores o supertormentas, que según se considera se suceden como media cada 25 años, mientras las de menor intensidad lo hacen con una media de 3 años.

Así, un equipo británico de la Universidad de Warwick estudió los últimos 14 ciclos solares, esto es, un período de más de 150 años para determinar cómo se habían comportado las tormentas solares durante ese tiempo. En su estudio pudieron identificar 6 grandes supertormentas y unas 42 tormentas fuertes, pero menos severas. Sin que contemos con detalles sobre los parámetros que se emplearon para su clasificación.

A la preocupación de la comunidad científica sobre la importancia y gravedad de las tormentas solares de gran intensidad, se han sumado algunos gobiernos como el de Estado unidos, que en 2015 emitió un comunicado al efecto. Según declaraciones del propio Presidente:

"…fenómenos meteorológicos espaciales, en forma de erupciones solares, las partículas energéticas solares, y las perturbaciones geomagnéticas que se producen regularmente" podrían causar "…efectos mensurables en los sistemas críticos de infraestructura y tecnologías, como el Sistema de Posicionamiento Global (GPS), las operaciones de satélites y la comunicación, la aviación, y la red de energía eléctrica", y también se expresa en el comunicado del gobierno que "podrían degradar significativamente la infraestructura y desactivar una gran parte de la red de energía eléctrica, lo que se convertiría en una serie de fracasos que afectarían a servicios clave tales como el abastecimiento de agua, salud y transporte".

Sin ir más lejos y caer en posiciones alarmistas, entre enero y marzo de 2012 se produjeron dos eyecciones solares de alta intensidad consideradas de clase "X", una de magnitud 1,7 el 27 de enero y la otra de mucha mayor magnitud: 5,4 ocurrida el 7 de marzo, aunque por suerte, en ambos casos, al ser aisladas no fueron dirigidas hacia la Tierra

En los últimos años y con el objeto de comprender y llegar a predecir la ocurrencia de las tormentas solares de gran magnitud, se ha puesto interés en conocer cuándo y en qué lugar han ocurrido eventos de tal magnitud y relevancia, aunque los daños causados por estos fueran ínfimos, pese a su magnitud, habida cuenta del escaso desarrollo tecnológico alcanzado por el hombre en aquellos tiempos, y sobre todo, del no empleo de la electricidad y las formas modernas de comunicación. Es así, que acudiendo a otros métodos, además de los registros históricos, se pudo inferir mediante estudios sobre la variación del contenido de carbono 14 sobre árboles muy antiguos en Bristlecone, California, en la época del neolítico, unos 5 500 años antes de nuestra era, que ocurrió un evento de una magnitud considerable, muchas veces superior al de Carrington, que es el que se toma con frecuencia como referencia, atendiendo a que en torno a este se encuentran estudios, descripciones y registros del mismo.

En esta misma dirección, se puede destacar que entre los años 774-775 ocurrió un evento solar de extraordinaria magnitud, aunque menor que el anterior, pero superior al de Carrington, conocido como "Evento Carlomagno" en relación con el gran conquistador contemporáneo en época. También, por la medición de carbono 14, se pudo determinar el efecto de una tormenta solar de similar magnitud en el año 994 de nuestra era. Recientemente, científicos suecos corroboraron estos resultados al estudiar muestras de hielo muy antiguas extraídas de la Antártida y Groenlandia, con similares anomalías en el contendido de C-14. Otros estudios actuales confirman lo anterior, y añaden otra tormenta solar de considerable dimensión ocurrida con anterioridad, en el año 600 antes de nuestra era.

Posteriormente, en Japón y Corea se han encontrado registros de una fuerte tormenta solar ocurrida entre el 16 y el 17 de septiembre de 1770 donde las auroras boreales de un color rojizo cubrieron el cielo, especialmente sobre Kyoto, evento descrito en un manuscrito dedicado a los fenómenos celestes, en que aparecen incluso, ilustraciones de aquel hecho.

Ahora, si un evento tuvo un carácter esclarecedor sobre el efecto de la actividad solar sobre el clima en la Tierra y principalmente sobre su temperatura, es el relacionado con la época conocida como la *pequeña glaciación,* que entre mediados del siglo XVII y el XVIII afectó Europa, donde las temperaturas descendieron hasta niveles muy bajos, se afectó las cosechas acompañada de hambrunas, se helaron ríos y lagos y todo asociado a un período de relativa calma solar donde no se observaron las manchas descubiertas por Galileo con la invención del telescopio.

Al disminuir la actividad del Sol, lo hizo también la intensidad de las radiaciones que llegaban a la Tierra, lo que condujo a aquel intenso frío, sobre todo entre los años de 1645 a 1715 y que tuvo como punto mínimo la mañana del 6 de enero de 1709, con un gran bajón de las temperaturas, registrándose en Inglaterra temperaturas de -12 ºC (10,4 ºF), las más bajas de todas las conocidas en aquella región a lo largo de la historia.

Volviendo a los eventos de alta intensidad solar, ya en época más reciente, se destaca la tormenta solar sobre Nueva York de 1921, considerada por su efecto y magnitud la mayor del siglo XX, aunque inferior a la de Carrington, pero que creó aún problemas mayores que aquella, por cuanto afectó a una ciudad dotada de los mayores avances tecnológicos de la época. De manera, que dentro de los sucesos a destacar hay uno muy particular, en que de repente se apagaron todas las luces que iluminaban la famosa zona de Broadway. Esto ocurrió el 21 de mayo del propio año y llevó a colapsar la estación central de ferrocarriles de Nueva Inglaterra, asociada a un fuerte incendio, incluso también el de una de las locomotoras. Esta demás decir, que se colapsaron también algunas líneas de comunicación radial y telegráfica, como la del Mississippi, y que se creo cierto pánico en la población. Previo al evento, los observatorios venían registrando el inusual tamaño alcanzado por una enorme mancha en la superficie del Sol.

Un evento similar en magnitud al de Nueva York de 1921, precedido también por la aparición de una gran mancha solar, ocurrió en 1938 con mayor incidencia en Europa, y fue la conocida como "Tormenta de Fátima", que se registró con detalle. Esta se desarrolló entre el 16 y el 26 de enero del propio año, y en los días finales de este mes se pudo observar claramente una aurora boreal desplazada desde los polos, visible en Europa, Norteamérica, algunas regiones del Caribe, África del Norte y Australia.

Ya el 15 de enero del propio, año el observatorio de Greenwich había registrado una extensa mancha solar que superaba en superficie a la de Nueva York de 1921, el efecto de la eyección solar sobre la magnetosfera fue observado en la noche del día 16 por el observatorio de Abinger en Inglaterra, por lo que la velocidad de propagación del flujo de viento solar en el espacio fue muy rápida, se describen numerosas erupciones solares más que adquirieron su máximo de efecto sobre el campo magnético terrestre en la mañana del 22 de enero.

Sobre el 25 de enero la mancha desapareció del ángulo de visión, pero coincidió con el máximo de intensidad del efecto de la tormenta sobre la Tierra, volviendo como locas a las agujas de las brújulas por la avalancha de radiación electromagnética de alta frecuencia y de partículas eléctricas cargadas que llegaban a la superficie terrestre. La calma comenzó a llegar en horas de la madrugada del siguiente día.

Según se registra, a partir del día 25 de enero las trasmisiones de radio de onda corta sufrieron interrupciones frecuentes durante más de una semana. También las comunicaciones radiotelegráficas a través del Atlántico. Entre el 25 y el 26 las auroras boreales adquirieron su máxima espectacularidad en las zonas antes indicadas, y por supuesto, en Portugal, donde el fenómeno fue asociado a la *segunda profecía* de la virgen de Fátima, según la versión de los niños a los que se achaca la visión:

"Cuándo ustedes vean una noche iluminada por una luz desconocida, sepan que esto es el gran signo dado a ustedes por Dios y que él está a punto de castigar al mundo por sus crímenes, por medio de la guerra, el hambre…"

Y si tenemos en cuenta que renglón seguido, al año siguiente, se inició la Segunda guerra Mundial, es de comprender el porque este evento tomó el nombre de "Tormenta de Fátima"

Dentro del pánico típico de este tipo de incidentes, en Londres algunos ciudadanos consideraron que se trataba de un gran incendio, en Holanda se interpretó como un buen presagio por el nacimiento de un príncipe de la casa real, pero en otros, como Escocia, se interpretó como un mal presagio. Como se hallaban en vísperas de la guerra, en Francia y otros países aledaños algunos consideraron que el color rojo del cielo era atribuible al resplandor de la metralla por el inicio del conflicto bélico. En España, atribulada por la dramática guerra civil que enfrentaba a sus ciudadanos, se vio afectada la moral de los combatientes bajo aquel cielo enrojecido. En Madrid pensaron que se trataba de un incendio en una zona alejada de la ciudad. En algunas regiones de Canadá se interrumpió la comunicación por cable, mientras, que en las islas Bermudas la población creyó que se había incendiado un barco varado en la bahía. Algunos científicos consideraron aquellas auroras boreales como las más intensas de las registradas en la historia.

Es de suponer que numerosas tormentas solares hayan incidido sobre la Tierra desde la antigüedad, pero a falta de registros escritos, dado que la incidencia en sociedades no tecnificadas era menor, lo admitían como fenómenos celestes inexplicables, pero que solo afectaban sus creencias religiosas. Tampoco se puede hablar de serias investigaciones históricas realizadas en torno a estos eventos, por lo que es posible que hechos similares hayan sido descritos y se encuentren entre archivos empolvados en las bibliotecas de iglesias y mezquitas, o en lugares semejantes.

Conclusiones

El entorno exterior que rodea la Tierra no es un sitio apacible y desierto como se podía pensar, muy por el contrario, en él inciden constantemente radiaciones de luz de diferente frecuencia y partículas cargadas de alta energía, que de entrar libremente y llegar a la superficie del planeta destruirían la atmósfera y acabarían con la vida tal y como la conocemos hoy

Para contrarrestar el ataque constante de este medio hostil, la Tierra cuenta con un poderoso campo magnético que hace de escudo protector ante el flujo plasmático de viento solar que alcanza notables dimensiones en épocas de fuerte actividad solar, también ante los rayos cósmicos integrados principalmente por protones de alta energía que se acercan al planeta con velocidades cercanas a la de la luz procedentes de lugares turbulentos en regiones alejadas del universo.

La acción conjunta del viento solar y los rayos cósmicos podría destruir la atmósfera, evaporar los océanos y ocasionar la extinción masiva de las formas de vida de la Tierra, incluyendo al hombre, los animales y las plantas.

El campo magnético terrestre protege al planeta de las peligrosas radiaciones, y las desvía hacia el espacio exterior, evitando que entren en la atmósfera, aún así, en momentos de intensa actividad solar asociada a potentes erupciones y tormentas, una porción de partículas cargadas, así como radiaciones electromagnéticas de alta energía, pueden atravesar la barrera protectora magnética y penetrar en la atmósfera causando daños incalculables en una sociedad altamente tecnificada, cuya base energética es la electricidad.

Las interrupciones de la electricidad conocidas como "apagones" independientemente de la causa que las pueda crear, interrumpen las comunicaciones, afectan el funcionamiento de las industrias, el suministro de agua y por supuesto de energía eléctrica, alteran la vida cotidiana y crean caos social, acompañado frecuentemente de conductas impropias, como el vandalismo.

Cuando los apagones son causados por la entrada de flujos de partículas cargadas a la atmósfera, además de interrumpirse el suministro eléctrico, se afecta el funcionamiento de los satélites y los instrumentos de medición que contienen, también las comunicaciones de radio, televisivas y telegráficas, dejando una zona del mundo totalmente incomunicada, donde los GPS pueden dar orientaciones equivocadas, con los males asociados a todos estos problemas.

Se considera que el campo magnético terrestre se origina en la capa de metal líquida que rodea el núcleo también metálico sobrecalentado, principalmente de hierro, que ocupa la región central, en virtud del movimiento de la Tierra sobre su eje.

Hasta ahora se tenía la sensación de que el campo magnético terrestre era algo inmutable e imperecedero, pero la realidad puede ser otra, este fluctúa y cambia por diversas razones aún no bien esclarecidas, y en este momento muestra una tendencia a disminuir de intensidad con una velocidad apreciable. De seguir este curso, en unos 1600 años desaparecería por completo, o llegaría a valores mínimos, lo que ocasionaría un cataclismo en la vida de las diferentes especies que habitan el planeta, incluyendo el hombre.

La imposibilidad de realizar medidas experimentales precisas en el núcleo del planeta, unido al desconocimiento en detalle de su naturaleza y las leyes que originan el surgimiento del campo magnético en esta zona, impide la adopción de medidas de protección del mismo, si acaso fuesen posibles, dada su enorme dimensión y el insuficiente desarrollo tecnológico alcanzado por la sociedad para acometer tamaña empresa.

Si no se puede interactuar con el núcleo de la Tierra, y por consiguiente con el campo magnético que este crea, al menos hay que estudiar las formas de contrarrestar los efectos que pueda ocasionar la entrada en masa de las radiaciones de alta energía sobre la atmósfera, los océanos, la superficie de la Tierra y la vida de las especies del planeta, principalmente la del hombre.

No se conoce a ciencia cierta si un evento semejante ha ocurrido sobre la Tierra en otras épocas, pero sí que la intensidad del campo magnético fluctúa y que los polos pueden alternarse cada determinada cantidad de años, por lo que todo hace indicar que nos encontramos en una situación semejante, máxime, si en los últimos tiempos la ubicación de los polos está cambiando de manera acelerada, más el norte que el sur.

No es pronosticar una Apocalipsis relacionada con

la disminución de la intensidad del campo magnético terrestre, sino estudiar las posibles medidas a tomar ante los acontecimientos que puedan devenir de este debilitamiento, que ya de hecho se manifiesta

Nota final.

El contenido de esta monografía no puede verse como un sistema acabado de conocimientos sobre un tema tan amplio y complejo, pues la mayor parte de las investigaciones que se han llevado a cabo en este campo, generalmente son de fecha muy reciente, hay una avalancha interminable de datos experimentales por evaluar, y más que teorías exactas, lo que hay en la actualidad es una variedad de información dispersa que se ha tratado en lo posible de resumir, sistematizar y simplificar, lo cual hace probable que las investigaciones que se desarrollen en lo adelante, originen nuevos conceptos que reafirmen o hagan dudar de lo que aquí se expresa. De ser así, y sobre todo que el rumbo de los acontecimientos no tome un camino apocalíptico, bienvenido sea, para el bien de todos.

OTRAS OBRAS
DEL AUTOR

Chemistry of Olive Oil

Calixto López

ACEITE DE COCO

CALIXTO LÓPEZ HERNÁNDEZ

Bibliografía

Allan, D. and C. Buillard (1966). The secular variation of the earth's magnetic field. Mathematical Proceedings of the Cambridge Philosophical Society. Volume 62, Issue 4 October 1966, pp. 783-809

Beard, D. Interaction of the Solar Plasma with the Earth's Magnetic Field (1960). Phys. Rev. Lett. 5, 89

Bauer, W. y G. Wetsfall (2011). Física para ingeniería y ciencias, con física moderna. McGraw Hill, México Vol. 2. Cap. 22. pp. 711-740.

Cliver, E. et all. (January 1/2013). The 1859 space weather event revisited: limits of extreme activity». Journal of Space Weather and Space Climate.

Coe, R, S. Prévot and. P. Camps, (1995). New evidence for extraordinarily rapid change of the geomagnetic field during a reversal. Nature 374 (6524): 687

Constable, C (2007). Dipole Moment Variation. Gubbins, D- and E. eds. Encyclopedia of Geomagnetism and Paleomagnetism. Springer-Verlag. Pp. 159-161.

Elsasse, W. (1939). Origin of the Earth's Magnetic Field. Nature. volume 143, pag. 374–375 (1939).

Ewen, D., N. Schurter and P. Gurdersen (2012). Physic Applied. Prentice Hall, Boston, 2012.- Chap. 11. pp. 296-306.

Ferraro, A. (1933). A new theory of magnetic storms: a critical survey. The Observatory 56: 253-259.

Giancoli, D. (2009) Física para ciencias en ingenieria. Vol II. Pearson Educación, México (2009). Cap. 22. pp. 591-606.

Glatzmaier, G., P. Roberts (1995). A three-dimensional self-consistent computer simulation of a geomagnetic field reversal. Nature 377 (6546): 203-209.

Hallyday, D., R. Resnick y K. Krane. (1999). Física Vol. 2. Edic. ampliada. Compañía editorial continental. México 1999. Cap. 37 pp. 237-250.

Kondo, J. (1961). Internal Magnetic Field in Rare Earth Metals. Journal of the Physical Society of Japan, September 15, 1961, Vol. 16, No. 9 : pp. 1690-1691.

McComas, D. et al. (2003). The three-dimensional solar wind around solar maximum. Geophysical Research Letters (en inglés) 30 (10): 1517

McElhinney, T. and W. Senanayake (1980). Paleomagnetic Evidence for the Existence of the Geomagnetic Field 3.5 Ga Ago». Journal of Geophysical Research 85: 3523

Sears and Zemansky. Edit. H. Young y R. Fredman. (2009). Física III. Electromagnetismo. 12da. Edic. Pearson Adison Wesley. Sao Paulo, Brasil. 2009.

Tipler P. y G. Mosca. (2008). Física para la ciencia y la tecnología. Vol 2. Electricidad y magnetismo. 6ta. Edición. Editorial Reverté, Barcelona 2008.

Wilson, J., A. Buffa y B. Lou. (2007). Física. 6ta. Edic. Pearson educación. México. 2007. Parte 4. pp. 506-567.

Links en Internet

https://ciencia.nasa.gov/ciencias-espaciales

https://ciencia.nasa.gov/nuevos-resultados-de-nuestra-misi%C3%B3n-que-toca-el-sol

https://ciencia.nasa.gov/diez-aspectos-destacados-de-la-misi%C3%B3n-van-allen-de-la-nasa

https://ciencia.nasa.gov/la-ciencia-solar-tiene-un-futuro-brillante-en-la-luna

El inconstante campo magnético de la tierra.
https://ciencia.nasa.gov/science-at-nasa/2003/29dec_magneticfield

Portales ocultos en el campo magnético de la Tierra.
https://ciencia.nasa.gov/ciencias-especiales/29jun_hiddenportals.

Una grieta oculta en el campo magnético de la Tierra.
https://ciencia.nasa.gov/science-at-nasa/2008/16dec_giantbreach

Origen del magnetismo terrestre.
https://pwg.gsfc.nasa.gov/earthmag/Mdynamo2.htm

Un satélite de la NASA descubre un nuevo proceso magnético.
https://www.europapress.es/ciencia/misiones-espaciales/noticia-satelite-nasa-descubre-nuevo-proceso-magnetico-20180510111252.html

https://es.wikipedia.org/wiki/Campo_magn%C3%A9tico_terrestre

https://pixabay.com/es/.

Ice Age Polarity Reversal Was Global Event: Extremely Brief Reversal of Geomagnetic Field, Climate Variability, and Super Volcano». Sciencedaily.com. 16 de octubre de 2012.

Herndon, J. and J. Herndon, (25 de septiembre de 2001). «Deep-Earth reactor: Nuclear fission, helium, and the geomagnetic field»

Lovett, R. (2009). «North Magnetic Pole Moving Due to Core Flux. Merrill, McElhinny y McFadden, 1996, Chapter 8

Ballesteros, F. La Luna jugó un papel principal en mantener el campo magnético de la Tierra.
https://observatori.uv.es/la-luna-jugo-un-papel-principal-en-mantener-el-campo-magnetico-de-la-tierra/

https://es.wikipedia.org/wiki/Tormenta_geomagn%C3%A9tica

https://www.cbc.ca/news/technology/scientists-probe-northern-lights-from-all-angles-1.552461

¿Cuándo ocurrirá la siguiente tormenta solar extrema?.
https://www.bbvaopenmind.com/ciencia/medioambiente/cuando-ocurrira-la-siguiente-tormenta-solar-extrema/

Violentas tormentas solares. Ahora se generan mucho más.
https://www.fayerwayer.com/2020/01/tormenta-solar-efectos-tierra/

http://www.esa.int/Space_in_Member_States/Spain/Impacto_de_una_tormenta_solar

https://es.wikipedia.org/wiki/Viento_solar

Voyager 2 Proves Solar System Is Squashed.
https://www.nasa.gov/mission_pages/voyager/voyager-20071210.html

https://www.muyinteresante.es/curiosidades/preguntas-respuestas/viento-solar

https://www.ecologiaverde.com/que-es-el-viento-solar-y-como-afecta-a-la-tierra-1350.html

El verdadero poder del viento solar.
https://observatori.uv.es/el-verdadero-poder-del-viento-solar/

https://www.quo.es/ciencia/a59953/descubren-donde-nacen-los-vientos-solares/

https://es.wikipedia.org/wiki/Radiaci%C3%B3n_c%C3%B3smica

https://www.muyinteresante.es/ciencia/articulo/descubren-que-los-rayos-cosmicos-llegan-desde-fuera-de-nuestra-galaxia-571506087100

Los rayos cósmicos.
https://www.auger.org.ar/argentina/rayos_cosmicos.shtml

El misterio de los rayos cósmicos de alta energía.
https://ciencia.nasa.gov/el-misterio-de-los-rayos-cosmicos-de-alta-energia

The Earth's magnetic field remains a charged mystery
  https://phys.org/news/2009-06-earth-magnetic-field-mystery.html.

www.ingramcontent.com/pod-product-compliance
Lightning Source LLC
Chambersburg PA
CBHW071420210526
45465CB00001B/470